青少年科技创新教育系列丛书

未来航空工程师

手掷飞机

主编　郭　庆　方　健　赵　梦

编者　郭　庆　方　健　赵　梦

蔡菲菲　刘飞飞　武庆庆

西北工业大学出版社

西　安

【内容简介】本书以现代飞机设计为基础，融合多学科理论知识，通过创新手掷模型飞机的设计与制作，全面提升青少年的科学认知能力、工程实践能力与科技创新能力。

全书共16课：第1课~第4课引导学生认识飞行器，了解航空器的分类与飞机的结构布局；第5课和第6课带领学生体验航空工程师的角色分工，初步掌握工具的安全使用方法；第7课~第14课详细分析飞机机身、机翼、尾翼的作用特点，讲解手掷模型飞机设计与制作的流程；第15课和第16课介绍“中小学生航空创新设计挑战赛”创意手掷模型竞距项目的参赛要点与比赛方法。

本书适合作为青少年（8岁及以上）航空爱好者学习手掷模型飞机设计与制作的教材，亦可作为航空科普读物供学习者阅读。

图书在版编目（CIP）数据

未来航空工程师. 手掷飞机 / 郭庆，方健，赵梦主编. —西安 : 西北工业大学出版社，2023.3

ISBN 978-7-5612-8624-1

Ⅰ. ①未… Ⅱ. ①郭… ②方… ③赵… Ⅲ. ①飞机-设计-青少年读物 Ⅳ. ①V22-49

中国国家版本馆CIP数据核字(2023)第029838号

WEILAI HANGKONG GONGCHENGSHI—SHOUZHI FEIJI

未来航空工程师——手掷飞机

郭 庆 方 健 赵 梦 主编

责任编辑：卢颖慧　　策划编辑：卢颖慧
责任校对：李文乾　　装帧设计：傅文煜
出版发行：西北工业大学出版社
通信地址：西安市友谊西路127号　　邮编：710072
电　　话：（029）88491757 88493844
网　　址：www.nwpup.com
印 刷 者：陕西金和印务有限公司
开　　本：787 mm×1092 mm　　1/16
印　　张：6.5
字　　数：106千字
版　　次：2023年3月第1版　　2023年3月第1次印刷
书　　号：978-7-5612-8624-1
定　　价：49.00元

序

自1952年从清华大学毕业以来，我从事飞机设计工作40余年，参与了歼教-1、强-5、运-7、中国“飞豹”等十多个型号的设计和研制工作，见证了新中国航空工业从零到一、从基础薄弱到航空强国的发展历程。

童年时期，我目睹过日军飞机对我国的轰炸，这让我从小就萌生了航空报国的信念。我报考大学时，就认准了要学航空、要造飞机，三个志愿写的都是航空。

航空强国，教育兴国。教育是塑造青少年的，在青少年群体中普及科技教育尤其是航空科技教育，有利于增强青少年的爱国情怀，培养青少年的科学思维意识，激发青少年的创新能力和团队协作意识，促进青少年的全面健康发展。

“少年强则国强”，祖国的青少年有理想、有追求、有担当，实现中华民族伟大复兴就有源源不断的青春力量。创新的火花不是一蹴而就的，希望青少年朋友在学习的道路上，善于积累、勇于探索，把知识基础打牢，多思考、勤动手，未来定会绽放出“成果之花”。

本系列教材是一套针对青少年的航空创新教育丛书，在强调航空理论知识的同时，更注重创新实践能力的培养。希望对科学感兴趣的青少年朋友，能树立“未来工程师”的理想，在动手设计、制作、调试、飞行的过程中，感受航空科技的快乐和魅力。

中国工程院院士

“飞豹”歼击轰炸机总设计师

陈一坚

2022年9月

前　言

航空领域是科技创新的高地，众多“高、精、尖”技术的诞生，都源于不断发展的航空技术。航空技术是高度综合的现代科学技术，也是推动国家科研实力、国防实力和工业实力提升的重要力量。

为了提高国家航空技术水平，培养航空领域的后备人才，提升中小学科技素质教育整体水平，增强科技教育的趣味性，促进素质教育的多元化，由西北工业大学专家教授组建的“航小空”团队，特编写了适用于中小学生的《青少年科技创新教育系列丛书》。希望青少年在掌握模型飞机设计原则的基础上，最大限度地发挥主观能动性，设计并制作出独特的模型飞机。本系列丛书以航空模型为载体，结合专业的航空知识，强调理论知识学习的同时，更注重创新能力的培养，能够最大限度地激发青少年的创新能力，培养青少年的科学素养。

“航小空”是贯穿本书的卡通人物形象，也是“中小学生航空创新设计挑战赛”的形象代言人。希望有着航空梦的青少年朋友们跟随“航小空”的脚步，从“小小飞机设计师”启航，通过不断学习和实践，成为“航空工程师”。

编　者

2022年9月

目 录

第1课

初识飞行器

自古以来，人类就渴望翱翔蓝天，像鸟儿一样振翅飞翔。飞机的发明，让我们开启了探索天空的新征程。同学们，你们想不想通过自己的努力，向天空进发，探索飞行的奥秘呢？

学习目标

★ 掌握飞行器的分类，能区分航空器与航天器

★ 了解中国古代的飞行器

★ 学会制作纸飞机并进行飞行比赛

1.1 飞行器的定义

为了像雄鹰一样搏击长空，人类发明、制造出了各种各样的飞行器。你们知道什么是飞行器吗？应该如何分类呢？一起来看看吧！

能够在空中飞行的器械或装置统称为飞行器。飞行器按照其飞行环境和工作原理的不同可分为航空器、航天器、火箭和导弹三类。

航空器是指在大气中飞行的飞行器，如气球、飞艇、滑翔机、飞机等。

航天器是指在地球大气层以外的宇宙空间飞行的飞行器，如人造地球卫星、载人飞船、空间探测器、航天飞机等。

火箭和导弹是一类特殊的飞行器，它们均可在大气层内和大气层外飞行，但大多数都只能使用一次。在我国，通常将火箭和导弹划为航天器。

【拓展知识】

什么是大气层?

大气层是因重力关系而围绕着地球的混合气体，是地球最外部的气体圈层。如果把地球比作一个橙子的话，大气层就如同橙子皮。

地球的大气层并没有一个明确的边界，我们并不会在到达某个高度之后突然进入太空。

整个大气层随高度不同表现出不同的特点。它可以分为对流层、平流层、中间层、热层和散逸层，再往上就是星际空间了。

一般飞机的巡航高度在对流层和平流层的交界处附近，此处温度比较低。如果再往高处飞的话，就会进入平流层。

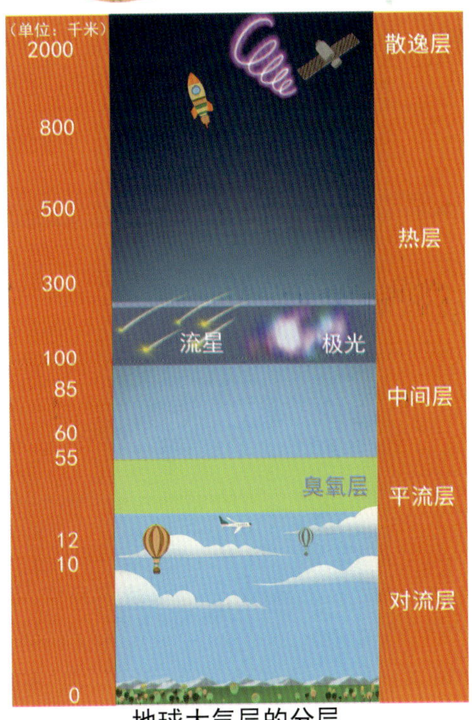

地球大气层的分层

1.2 中国古代的飞行器

指南针、造纸术、印刷术和火药，被誉为中国古代的“四大发明”。你知道在航空航天领域，我们的祖先都有哪些创造性的发明吗？

1.风筝

风筝起源于中国，至今已有2000余年的历史，被称为人类最早的飞行器。相传春秋时期，著名的建筑工匠鲁班曾制木鸢飞上天空。东汉时期，蔡伦改进造纸术后，人们以纸代木，从而有了“纸鸢”。到五代时，李邺加以改进，在纸鸢头上装上竹哨，风入竹哨，声如筝鸣，因此又称为“风筝”。宋代时，放风筝逐渐成为一种民间娱乐游戏。元代时，风筝传入欧洲诸国。

2.竹蜻蜓

早在公元前500年，中国就制成了会飞的竹蜻蜓。发展到现在，已经是生活中一种常见而有趣的玩具。美国著名的发明家莱特兄弟在介绍发明飞机的经历时曾经提到：小的时候，父亲给他们买了一个能飞的竹蜻蜓，兄弟俩很喜欢，并开始仿制不同尺寸的竹蜻蜓，从此与飞行结下了不解之缘。

3.孔明灯

相传，孔明灯是三国时期由诸葛亮（孔明）发明的。当时，诸葛亮将其用作求救的信号灯。现代人在放飞孔明灯之前，会把祝福语写在孔明灯上，用来许愿和祈福，因此，孔明灯又被称作“平安灯”。孔明灯的原理与热气球的原理相同，都是利用了热空气的浮力使其升空。

4.火箭

秦汉时期，中国人发明了火药。唐末宋初时，我国就出现了最早的实用火箭。火箭是一种靠燃气所产生的反推力作用工作的飞行器。在古代，火箭使用固体火药来产生高速向后喷射的燃气，用以推动火箭向反方向运动。现代火箭的理论基础同古代火箭一样，但可以选择使用固体燃料或液体燃料。

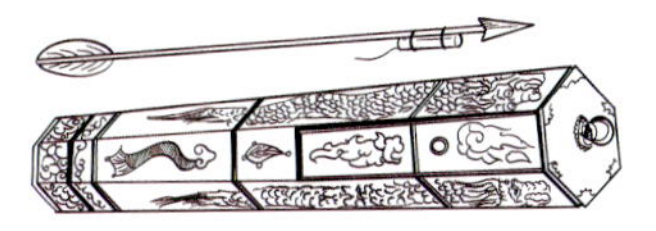

1.3 随堂练习

请对右图中的飞行器进行分类，并在横线上补充你能想到的飞行器的名称。

A. 运-20

B. 东方红卫星

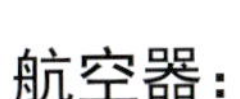

航空器：

航天器：

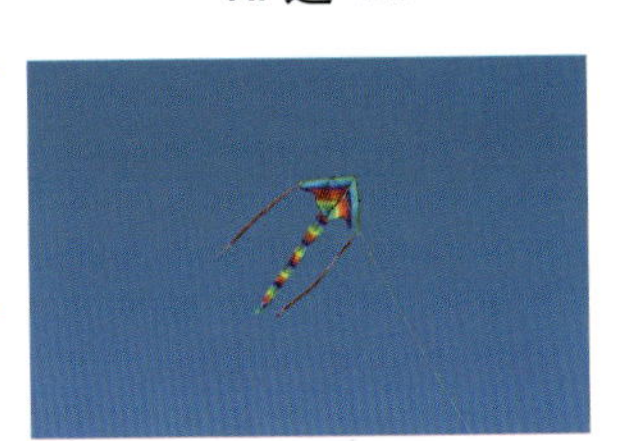

C. 风筝

D. 哈勃空间望远镜

1.4 纸飞机制作

纸飞机虽不是真飞机，但它取材容易、制作简单。大家以前一定折过纸飞机，它可以说是手工课中的“必修课”。本节课，航小空将带大家折一款“世界上飞得最远”的纸飞机——苏珊纸飞机。

1.制作任务

利用A4纸折叠苏珊纸飞机。

2.制作材料

A4纸。

3.制作步骤

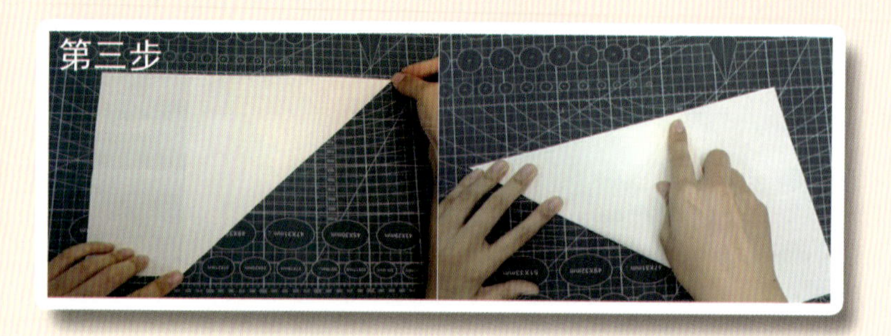

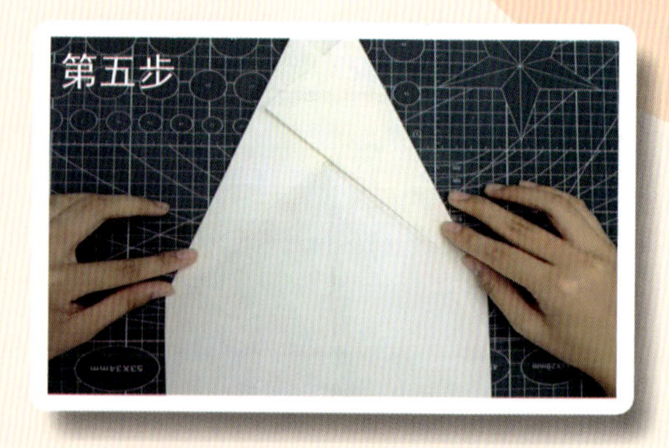

1.5 飞行比赛

1.影响飞行的因素

影响飞行的因素包括纸张的材质、飞机的结构、机翼的面积、出手的力度、投掷的角度等。

2.飞行前注意事项

（1）检查机翼是否对称；

（2）注意调整出手力度和角度；

（3）请勿对着人飞行。

仔细检查完制作的纸飞机，就可以开始比赛啦。看看谁的纸飞机飞得最远！

第2课

解密航空器

在掌握航空器与航天器的分类后，同学们已经对飞行器有了初步的认识。本节课，航小空将带大家认识形形色色的航空器，解密固定翼飞机的前世今生。

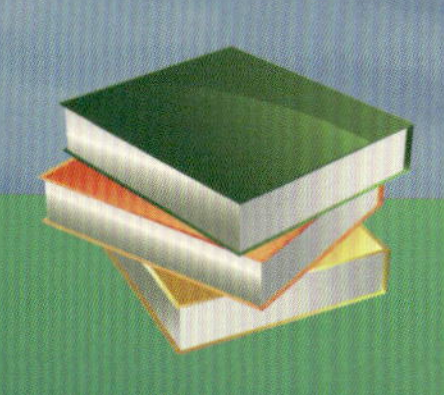

学习目标

★ 了解航空器的种类划分

★ 认识固定翼航空器和旋翼航空器

★ 解密固定翼飞机的前世今生

2.1 航空器的分类

人们按照航空器飞行原理的不同将航空器分为轻于空气的航空器和重于空气的航空器两种类型。

轻于空气的航空器的主体是一个气囊，其中充以密度较空气小得多的气体(氢气、氦气或热空气)，利用大气的浮力使航空器升空。重于空气的航空器的升力是由其自身与空气相对运动产生的。

1.轻于空气的航空器：气球和飞艇

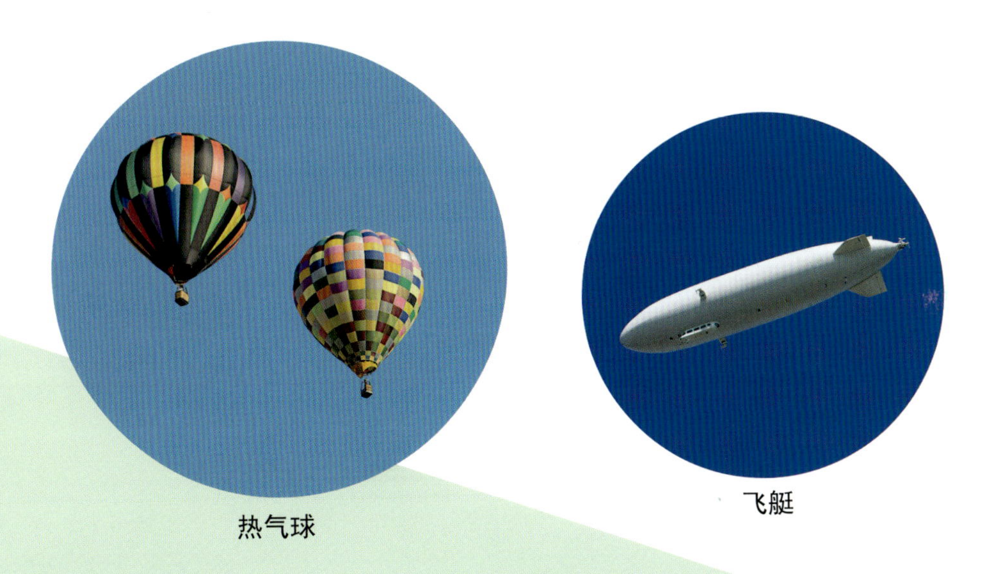

热气球　　飞艇

（1）热气球载人升空。

最早的热气球是由法国蒙特哥菲尔兄弟制造的。他们受碎纸屑在火炉中燃烧后不断升起的启发，用纸袋将热气聚集起来做实验，使纸袋能够随着热气流不断上升。随后他们进行了一系列更大规模的热气球飞行试验并取得成功。

1783年11月，两个法国人乘坐蒙特哥菲尔兄弟制造的热气球，在巴黎上空飞行了25分钟，首次实现了人类飞翔于蓝天的梦想。热气球的诞生比美国莱特兄弟发明的飞机早了整整120年。

（2）飞艇的诞生。

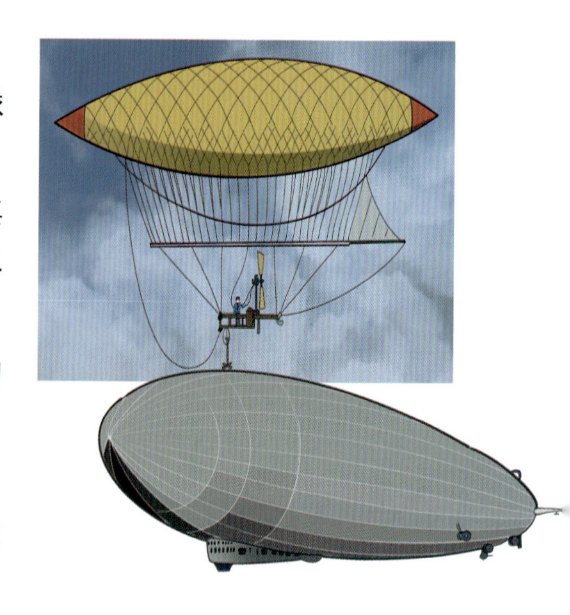

1852年，法国人亨利·吉法尔在气球上安装了一台功率为3马力（2237 瓦）的蒸汽机，用来带动一个三叶螺旋桨，使其成为第一个可以操纵的气球，这就是最早的飞艇。

1900年，由德国人齐柏林设计制造的一架硬式飞艇在腓特列港附近首飞成功。这种飞艇以活塞式发动机作为动力装置，通过带动螺旋桨旋转推动飞艇前进，大大提高了飞艇的飞行速度。

2.重于空气的航空器：固定翼、旋翼、扑翼

固定翼航空器

旋翼航空器

扑翼航空器

（1）固定翼航空器。

固定翼航空器包括飞机和滑翔机。

飞机

飞机是指由动力装置产生前进的推力或拉力，由固定机翼产生升力，在大气层内飞行的重于空气的航空器。

滑翔机

滑翔机是指没有动力装置的重于空气的固定翼航空器。滑翔机可由飞机拖曳起飞，也可用汽车等其他装置牵引起飞。

（2）旋翼航空器。

旋翼航空器包括直升机、旋翼机及其他各种特殊形式的旋翼航空器。

直升机是以航空发动机驱动旋翼旋转作为升力和推进力的来源，它能在空中垂直起降及悬停，并能进行前飞、后飞、侧飞、悬停回转。

直升机

旋翼机

旋翼机是一种利用前飞时的相对气流吹动旋翼自转以产生升力的旋翼航空器，也称自转旋翼机。旋翼机的前进动力由动力装置直接提供，它不像直升机可以垂直上升，也不能悬停，必须滑跑加速才能起飞。

（3）扑翼航空器。

扑翼航空器是指机翼能像鸟和昆虫翅膀那样上下扑动的重于空气的航空器，又称扑翼机、振翼机。扑动的机翼不仅产生升力，还产生向前的推动力。

扑翼机

2.2 固定翼飞机的前世今生

人类在尝试飞行的初期，一直是直观地模仿鸟类，用各种鸟羽或其他人造物制成翅膀，“安装”在人的身上。在经历了多次失败之后，人类逐渐认识到直接用双手抓着翅膀扇动是不可能飞行的。

（1）“梦想的开端”。

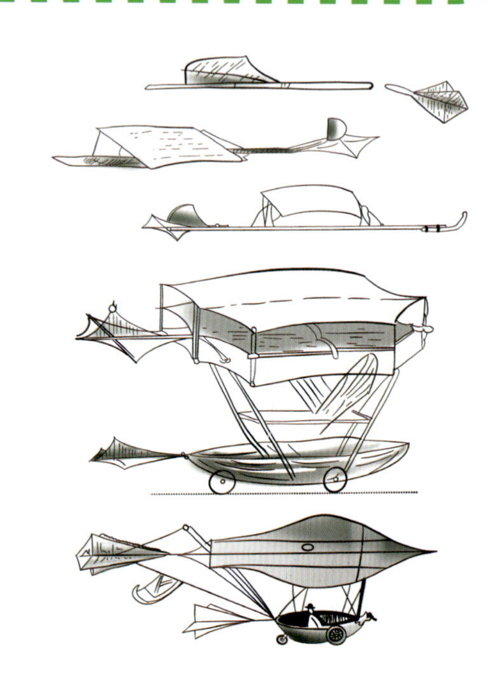

1796年，英国人乔治·凯利在科学计算的基础上制作出了第一个飞行器——相对旋转的模型直升机。1799年，乔治·凯利设计出几乎已具备现代飞机主要部件的飞行器草图。1804年，乔治·凯利写了第一篇有关人类飞行原理的论文。此后的40余年间，乔治·凯利一直不断开展试验，改进着滑翔机的设计。1849年，他制造了一架三翼滑翔机，实现了人类历史上第一次载人滑翔机系留牵引飞行。

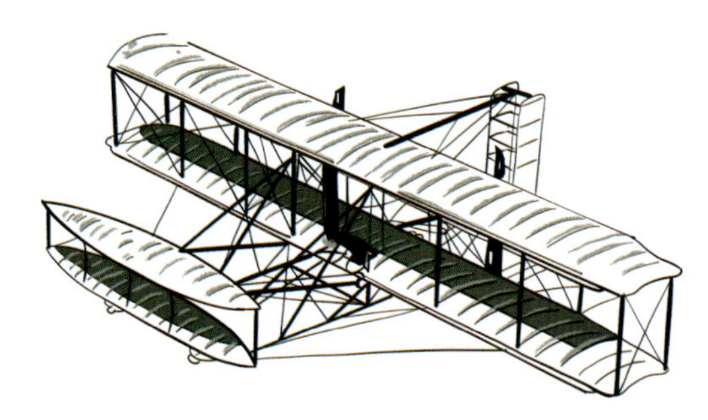

（2）“第一架飞机”。

美国的莱特兄弟从小就对机械装配和飞行怀有浓厚的兴趣。1903年12月，他们首次试飞了完全受控、依靠自身动力、机身比空气重、持续滞空不落地的飞机，也就是世界上第一架飞机“飞行者一号”。这架飞机经过4次试飞，不断改进。最后一次试飞中，飞行了260m，在空中停留了59s。

人类在探索飞行的道路上分别发现三条路径：扑翼、旋翼、固定翼。扑翼与旋翼的飞行理念被证明在当时的科技水平下是无法实现的。

2.3 随堂练习

请对右图中的航空器进行分类。

A

B

C

D

轻于空气的航空器：______

重于空气的航空器：______

2.4 自制飞机模型

喝完饮料的塑料瓶可以用来干什么？一些废旧物品稍微改造一下，也许就能变成一架好看的飞机模型。同学们，发挥你的想象力与创造力，动手试试吧！

1.制作任务

利用身边的材料，自制一架飞机模型。

2.制作材料

若干彩色卡纸、剪刀、铅笔、双面胶、塑料瓶。

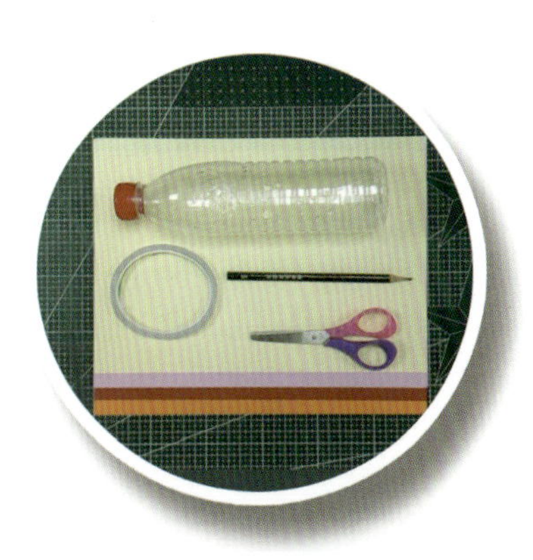

3.制作步骤

第一步：制作机身。

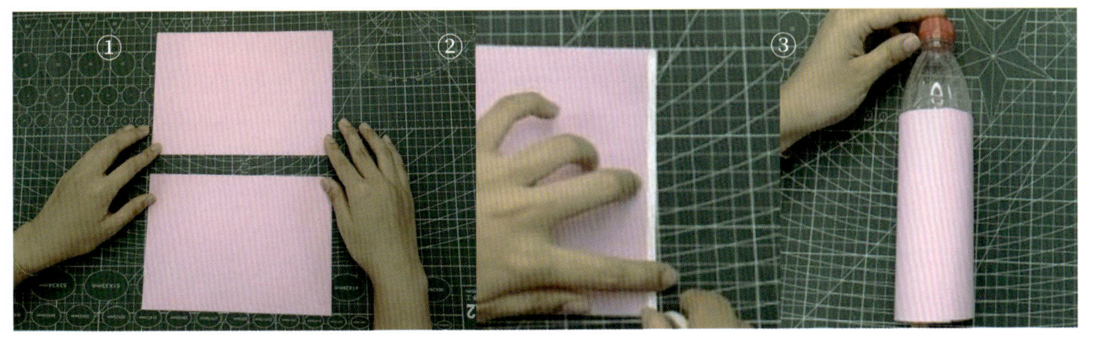

第二步：制作发动机。

第三步：制作机翼。

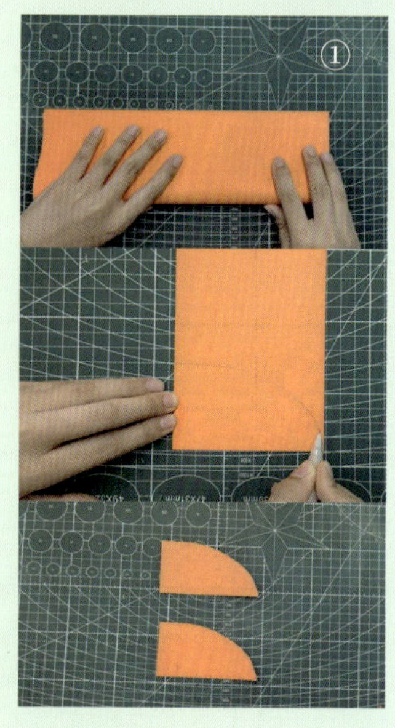

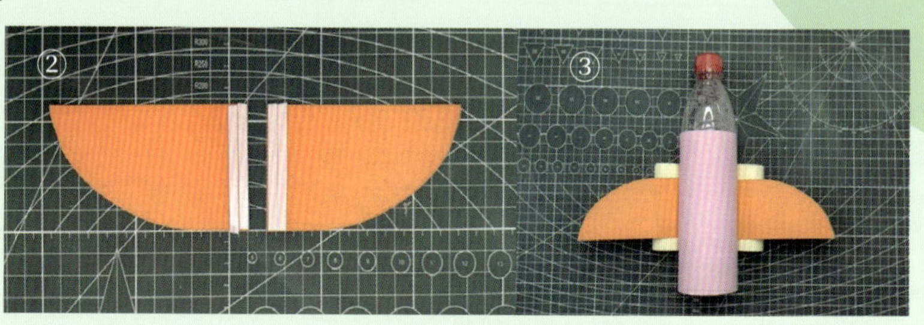

第四步：制作尾翼。

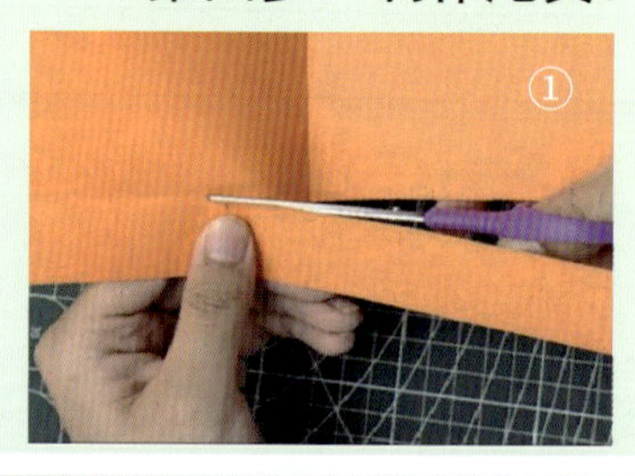

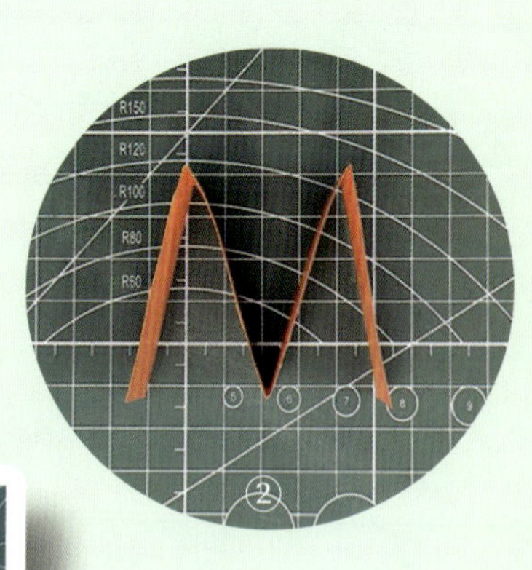

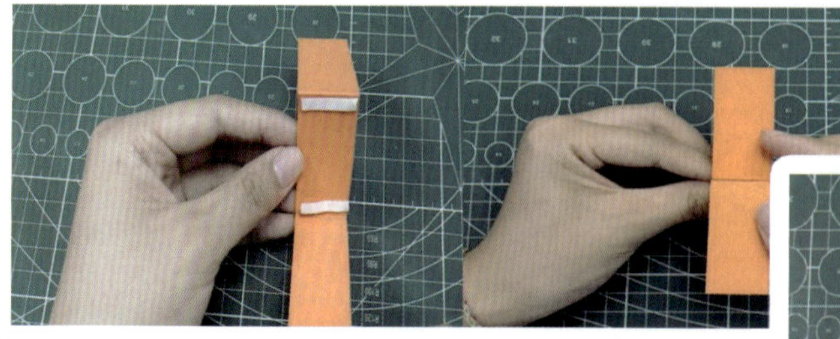

第五步：制作螺旋桨。

制作完成。

第3课

军用飞机初探

在日常生活之中，我们最常见的飞机就是民航客机。其实世界上还有很多其他类型的飞机，比如说歼击机、轰炸机、预警机和侦察机等。

学习目标

★ 了解军用飞机的分类

★ 掌握不同种类军用飞机的用途

★ 学习我国军用飞机、直升机的命名方式

【填一填】

下图中的这些飞机，你都了解吗？它们属于哪种类型，来填一填吧！除此之外，你还知道哪些飞机型号，把它们分类填写进表格里。

类　型	飞 机 型 号		
歼击机			
预警机			
加油机			
轰炸机			
强击机			
侦察机			
民航客机			
教练机			
运输机			

3.1 军用飞机的分类

飞机按用途可以分为军用飞机和民用飞机两大类。军用飞机是指用于各个军事领域的飞机，而民用飞机则是泛指一切非军事用途的飞机。

军用飞机主要包括歼击机、截击机、强击机、轰炸机、侦察机、运输机、教练机、预警机、反潜机、空中加油机等。

歼击机：又称战斗机，用于在空中消灭敌机和其他飞航式空袭兵器的军用飞机。代表飞机型号：歼-20、歼-10、苏-35、F-15、F-22。

歼-10

苏-35

截击机：专门用于在空中截击入侵的敌方轰炸机、侦察机或巡航导弹的军用飞机。代表飞机型号：F-106、米格-31。

F-106

米格-31

【拓展知识】

歼击机可以进行空中格斗，但截击机不行。截击机的战斗都是一击脱离式的。打个比喻，歼击机就像战士，而截击机则像刺客。

强击机：专门从低空、超低空攻击地面中、小型目标的军用飞机，又称攻击机或近距空中支援机。代表飞机型号：强-5、A-10、苏-25、米格-27。

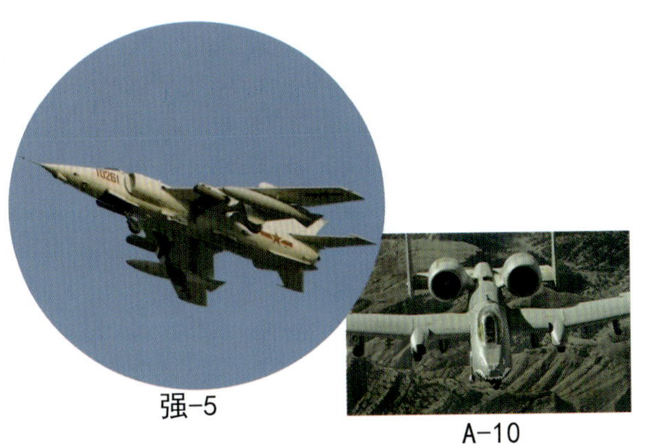
强-5

A-10

轰炸机：用炸弹、鱼雷或空地导弹杀伤、破坏地面和海上目标的军用飞机。轰炸机按起飞重量、载弹量和航程不同大致分为轻型轰炸机、中型轰炸机和重型轰炸机三类。代表飞机型号：轰-6K、B-2。

轰-6K

B-2

侦察机：专门用于从空中进行侦察、获取情报的军用飞机。代表飞机型号：U-2、SR-71。

U-2

SR-71

运-20 “鲲鹏”

运输机：用于运送军事人员、武器装备和其他军用物资的飞机。代表飞机型号：运-20、C-17。

初教-6

教练机：为训练飞行人员，专门研制或改装的飞机。代表飞机型号：初教-6、雅克-52、“鹰”式教练机。

雅克-52

预警机：用于搜索、监视空中或海上目标，指挥引导己方飞机执行作战飞行任务的飞机。代表飞机型号：空警-500、E-2D。

空警-500

E-2D

反潜机：载有搜索和攻击潜艇的装备和武器的军用飞机或其他航空器。代表飞机型号：高新6号、P-3C。

高新6号

P-3C

空中加油机：专门给飞行中的飞机和直升机补加燃料的飞机。代表飞机型号：轰油-6、KC-135、伊尔-78。

轰油-6

KC-135

3.2 我国军用飞机、直升机的命名

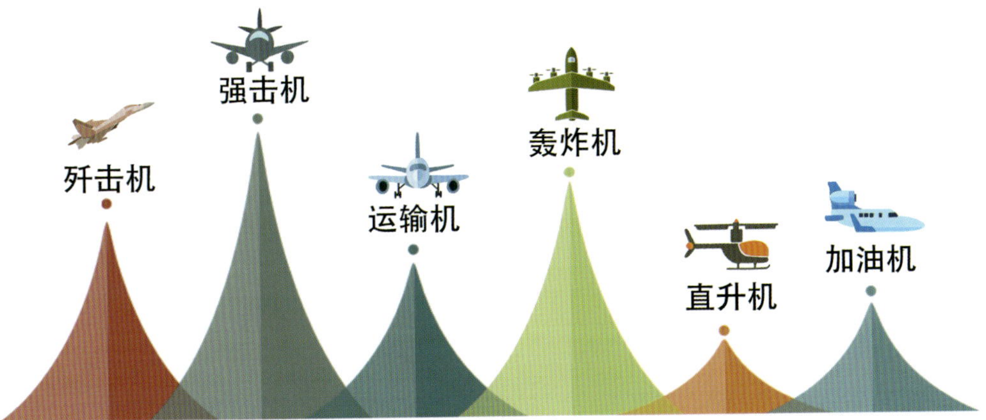

我国军用飞机、直升机的命名规则基本采用的是按用途加序号的形式。

"歼（J）"代表歼击机，例如歼-10、歼-20。

"轰（H）" 代表轰炸机，例如轰-6。

"强（Q）"代表强击机，例如强-5。

"运（Y）"代表运输机，例如运-7、运-20。

"直（Z）"代表直升机，例如直-9、直-20。

"空警（KJ）"代表空中预警机，例如空警-500、空警-2000。

"初教（CJ）"代表初级教练机，例如初教-5、初教-6。

歼击机增加了教练机的功能，就叫"歼教机"，例如歼教-6。

我国研制的第一款空中加油机，是由轰-6轰炸机发展而来的，因此取名为轰油-6（HU-6）。

轰油-6

3.3 纸飞机制作

学习了这么多的军用飞机，你是否大开眼界了？本节课，我们一起动手折叠出一架高仿真的战斗机吧！

1.制作任务

折出一架仿真F-15型战斗机。

2.制作材料

一张A4彩纸、胶带。

3.制作步骤

第一步

第二步

第三步

第四步

第五步

第六步

第八步

第九步

第十步

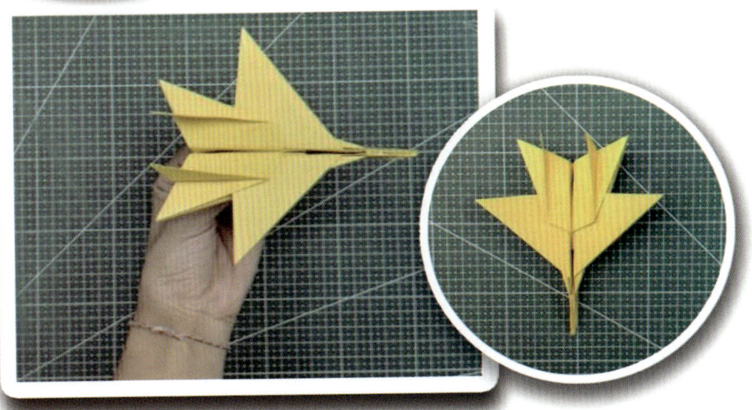

第4课

飞机的结构与布局

通过前三节课的学习，我们对“飞机”已经有了初步的认识。在正式制作模型飞机之前，我们还需要学习飞机的基本结构和气动布局。

学习目标

★ 认识飞机的基本结构
★ 了解飞机的气动布局
★ 百变飞机的创意设计
★ 百变飞机试飞比赛

4.1 飞机的结构

你知道飞机由哪些部分组成吗？飞机的各部件都有什么作用呢？

机翼

产生升力，同时还有稳定与操纵作用。

机身

用来装载人员、物资与各种设备。同时还将飞机其他部分连接成一个整体。

动力装置

包括产生推力的发动机和保证飞机发动机正常工作的附件与系统。

尾翼

用来控制飞机的俯仰与偏航。

起落装置

用于起飞、着陆滑跑和滑行停放时支撑飞机。

4.2 飞机的气动布局

飞机的气动布局是指飞机外部总体形态的布局与位置安排。为了达到不同的飞行性能要求，飞机采用不同的布局形式。根据飞机机翼、尾翼的相对位置，飞机的气动布局可分为常规布局、鸭式布局、无尾布局、三翼面布局四类。

1.常规布局

水平尾翼和垂直尾翼都放在机翼后面的布局称为常规布局。这种布局是现代飞机最经常采用的布局形式。一般情况下，常规布局飞机能够以最小的机身重量获得合适的稳定性和操纵性。

2.鸭式布局

将水平尾翼移至机翼前方，产生主要升力的机翼在后面，这种飞机布局称为鸭式布局。我国的歼-10、歼-20歼击机都采用了鸭式布局的形式，这种布局拥有升力特性好、机动性强的特点。

3.无尾布局

无尾布局是指没有水平尾翼，也没有鸭翼，甚至没有垂直尾翼的布局形式。相较于其他布局，采用无尾布局的飞机，其重量和阻力都是最小的，高空高速性能好。但飞机飞行稳定性欠佳，对重心位置的调配很敏感。

4.三翼面布局

在常规布局的机翼前增加一对鸭翼，这种布局形式称为三翼面布局。三翼面布局综合了常规布局与鸭式布局的优点，有望使飞机得到更好的气动特性，特别是操纵和配平特性。但由于翼面多，飞机隐身能力不强，阻力也比其他布局形式的大。

4.3 机翼的相对位置

在上述介绍的各种飞机中，有的飞机机翼在机身顶部，有的飞机机翼在机身底部，有的飞机机翼从机身中间穿过。根据飞机机翼与机身的上下相对位置，单翼飞机的气动布局可划分为上单翼布局、中单翼布局和下单翼布局。

1.上单翼布局

采用上单翼布局的飞机，机翼安装在机身上方，机翼下方有足够的空间吊挂发动机，不会轻易将地面的沙石吸入进气道，损坏发动机。全球大部分运输机和轰炸机都采用这种机翼设计。

2.中单翼布局

采用中单翼布局的飞机，机翼安装在机身中部，气动干扰小，这种布局在战斗机中使用较多。然而，由于翼梁要从飞机机身内穿过，飞机机身容积受到严重影响，因此大型飞机一般不采用中单翼布局。

3.下单翼布局

采用下单翼布局的飞机，机翼安装在机身下方，这种布局广泛应用于民航客机。下单翼可屏蔽飞机发动机产生的噪声，提高飞行的舒适性。同时，发动机距离地面较近，维护较为方便。

4.4 百变飞机的设计与制作

你最喜欢的飞机布局是哪一款？请同学们化身“飞机设计师”，通过动手组装拼插，设计出自己喜欢的飞机造型吧！

1.制作任务

设计制作不同布局形式的模型飞机。

2.制作材料

百变飞机套材。

3.设计案例

常规中单翼布局　鸭式布局　飞翼布局　三翼面布局

常规三角翼布局　常规双翼布局　常规上单翼布局　常规前掠翼布局

常规下单翼布局　鸭式双翼布局　串列翼布局　无尾布局

4.5 飞行比赛

注意事项

（1）飞行前需要配重，使飞机保持平衡。

（2）飞行前需检查机翼是否对称，每对机翼是否处在同一水平线上。

（3）在正式飞行前还应进行试飞，观察飞机的飞行状况，以便及时进行调整。

（4）放飞时要选择空旷的场地，不要掷向人或物。

第5课

飞机设计师初体验

一架飞机想要飞上天空，需要优秀的设计师、工艺精湛的制造师以及勇敢无畏的试飞员共同努力。从本节课开始，我们将学习一架手掷模型飞机从无到有、从设计制作到试飞成功的全过程。

学习目标

★ 认识飞机工程师的角色分工

★ 了解飞机的设计制作流程

★ 绘制飞机设计图

5.1 角色分工

社会想要井然有序、充满活力地发展，离不开每一个人的努力，每个人都有属于自己的责任与义务。

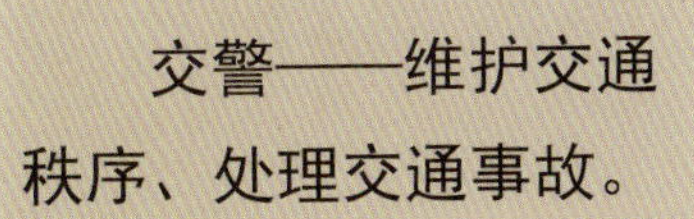

交警——维护交通秩序、处理交通事故。

消防员——消灭火灾、进行社会救助。

工程师——从事工程的系统操作、设计、管理以及评估。

同学们讨论一下，如果想要设计制造出一架飞机，飞机工程师都有哪些职责和分工呢？

5.2 飞机设计制作流程

1.真实飞机设计制造流程

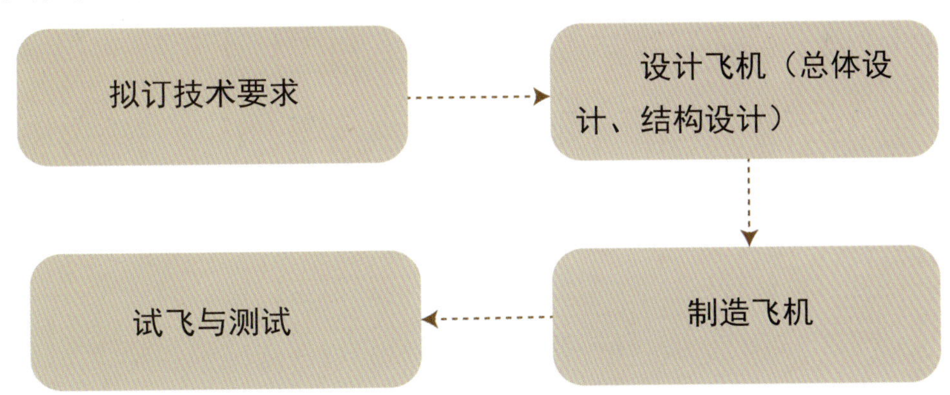

2.模型飞机设计制作流程

根据设计需求绘制模型飞机的设计图。

根据图纸完成模型飞机的制作。

进行飞行测试，及时发现飞行中存在的问题并做出调整。

5.3 任务挑战

请同学们进行小组分工，完成“飞机设计师”的挑战任务吧！

1.绘图材料与工具

A4纸、护手尺、笔、30cm×45cm的KT板。

材料准备好了，同学们可以开启绘图模式，看看谁绘制的飞机设计图最标准！

2.绘图要求

（1）绘图时间不超过30分钟；

（2）先在A4纸上设计出草稿图，确认无误后再绘制到KT板上；

（3）飞机设计比例协调，绘图工整。

第6课

飞机制造师初体验

上节课，我们已经进行了小组分工，并完成了飞机的设计工作。本节课，我们将学习工具的安全使用方法，挑战制作一架KT板模型飞机。

学习目标

★ 掌握工具的安全使用方法

★ 完成KT板模型飞机的制作

6.1 工具的使用

在制作过程中，我们会用到护手刀与热熔胶枪这两种具有一定危险性的工具，因此我们应该先掌握工具的安全使用方法。

1.正确使用护手刀

（1）使用方法。

①食指握法：将食指放在刀背上，拇指向前推动推钮，将卡扣卡住，手掌抵住刀柄。

②将护手刀的刀刃部分紧贴护手尺，刀刃与切割物之间呈30°夹角，沿着绘图的线条边缘开始切割。

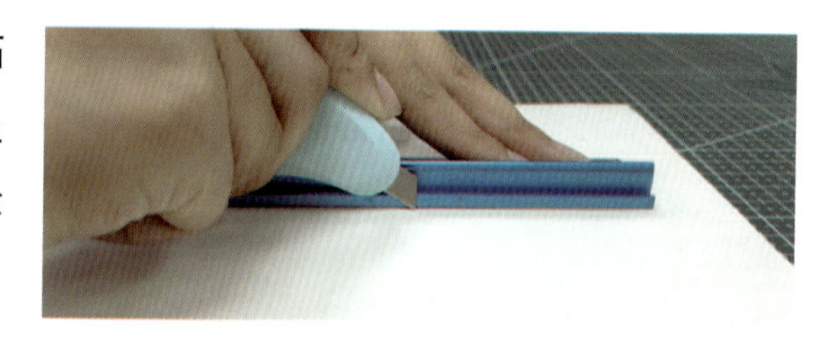

③护手刀和护手尺应保持直角，若刀身来回摆动容易误伤自己。

（2）错误示范。

刀刃在手背上玩耍

刀刃未收回随意放置桌面

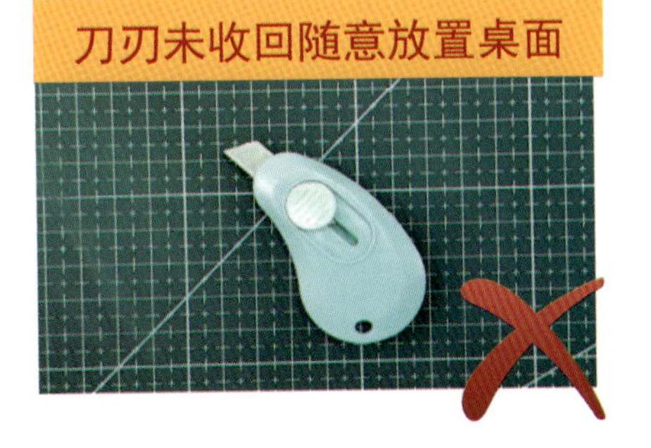

切割硬物

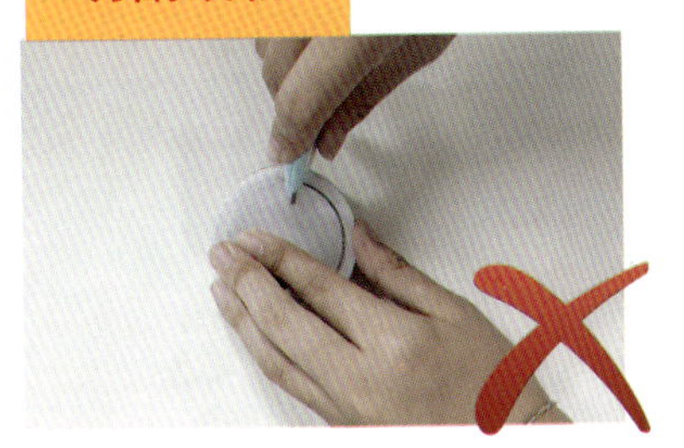

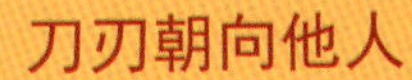

刀刃朝向他人

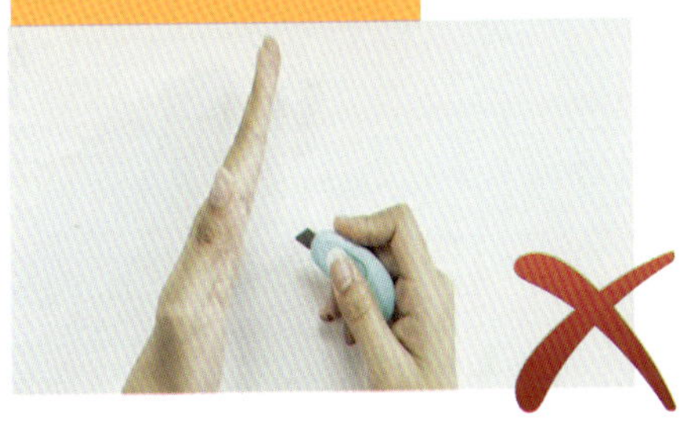

（3）注意事项。

①不使用护手刀时务必收起刀片。

②切割物体时，不要把手放在刀片的前进方向，也不要用力过大，否则容易刮伤。

③绝对不要将刀刃方向朝向自己或他人，避免误伤。

2.正确使用热熔胶枪

（1）使用方法。

①把一根胶棒由枪尾插入热熔胶枪，之后连接上电源，打开胶枪上的开关，此时胶枪上的指示灯亮起，说明胶枪处于加热状态。

②胶枪在使用前请先预热3~5分钟。

③胶枪使用完后，请正确直立于桌面。

（2）注意事项。

①工作中的胶枪在放置时应直立于桌面（桌面先铺上垫板或垫纸，谨防滴胶），使用完成后应关闭电源直立于桌面，待胶枪冷却后收回原位。

②喷嘴及熔胶温度非常高，除手柄外不可接触其他部分。

③切勿从进胶口拉出胶棒。（如强行拉出胶棒，会导致严重灼伤或损坏热熔胶枪。）

④切勿直接用手触碰加热后的热熔胶，防止灼伤。

3.正确使用护手尺

（1）使用方法。

①认识护手尺的刻度，掌握正确的读数方法。

②以左端零刻度线为基准测量数值，确保数据的准确性。

③一手拿尺，一手拿笔。在画线时用手将护手尺固定住，画出平直的线条。

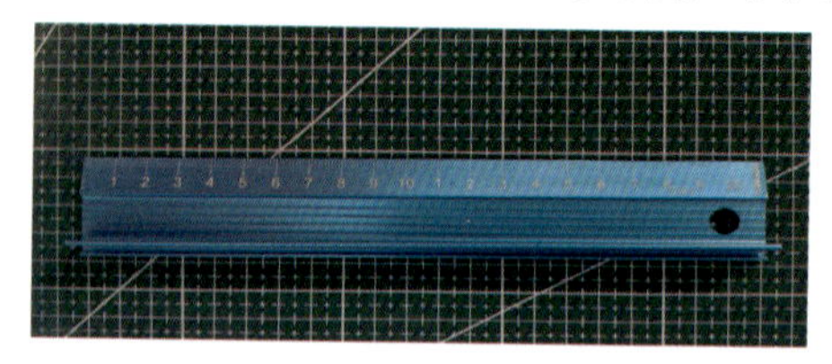

（2）注意事项。

①在进行测量、画线和切割时，手指不要超过护手尺边缘。

②测量时，护手尺需要放正，不能前后左右歪斜。

③护手尺表面刻度保持清晰，不可污染尺面。

④不能随意弯折护手尺，否则护手尺变形会影响测量。

6.2 KT板模型飞机的制作

我们已经学习了护手刀、热熔胶枪以及护手尺的使用方法，为了能够更熟练地制作模型飞机，我们需要反复地实践。现在就开始动手吧！

（注：KT板是一种由聚苯乙烯颗粒经过发泡生成板芯，经过表面覆膜压合而成的一种新型材料。）

（1）根据设计图纸，利用护手刀和护手尺将模型飞机的各个部件进行裁切（注意安全事项）。

（2）将切割好的各部件用热熔胶进行粘合，并保证各部位横平竖直且粘合牢固。

（3）完成整机组装后，进行KT板模型飞机的配重。

6.3 飞行试验

经过设计、切割、粘贴、组装等制作步骤，大家了解了模型飞机设计、制造的全过程，现在让我们比比看，谁设计制作的飞机既美观又飞得远。

注意：飞行前对飞机进行命名，飞行时请做好飞行记录。

________飞机飞行记录表

飞行次数	飞行距离/m	飞行时间/s	我们的发现
1			
2			
3			

第7课

飞机的主体——机身

当我们看到一架飞机时，会发现在飞机的整体结构中占比最大的就是机身。飞机的机身具有什么作用？它又有什么特点？本节课，我们将深入了解和认识机身。

学习目标

★ 了解机身的作用

★ 熟悉机身的特点

★ 探究机身的结构及优、缺点

7.1 机身的作用

真实飞机的机身前部是驾驶舱，中部与机翼连接，尾部连着尾翼，机身下面还有起落架。机身既要载人、载物，要起到连接飞机其他部分的作用，在空中受到的阻力还要尽量小，这些条件就决定了机身的形状必须是长筒形。典型的机身像一个中间大两头小的长筒，机身头部略微下垂以扩大驾驶员的视野，尾部略微上翘以避免飞机着陆时机身尾部触地。为了最大限度地减少飞行阻力，机身前后两端被设计成缓慢收缩的流线体。

7.2 机身的特点

1.结构强度高

机身作为连接各部件的核心，需要有足够的结构强度以保证飞行时的安全。若飞机机身结构强度不足，易出现机身断裂、飞机解体等现象。

2.重量轻

机身的重量应在保证强度的前提下合理控制，机身材料应尽可能轻。

家鸡体重相对于其他禽类较重，因此只能短距离飞行。

3.外形呈流线型

机身的外部形状应该是流线型的，这样可以减小飞行时所受的阻力。

大部分鱼的体型从前往后看是小—大—小的样子，也就是我们常说的流线型。这是自然选择的结果，我们在制作飞机机身时也可以参考这种造型。

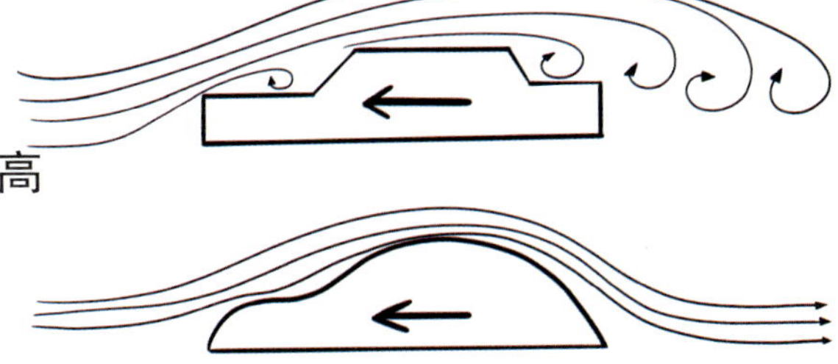

设计汽车时为了减少阻力、提高速度，也采用流线型的设计。

7.3 探究机身结构

手掷模型飞机的机身不需要考虑载重，只要求机身能够连接机翼与尾翼，同时保证机身的整体强度即可。

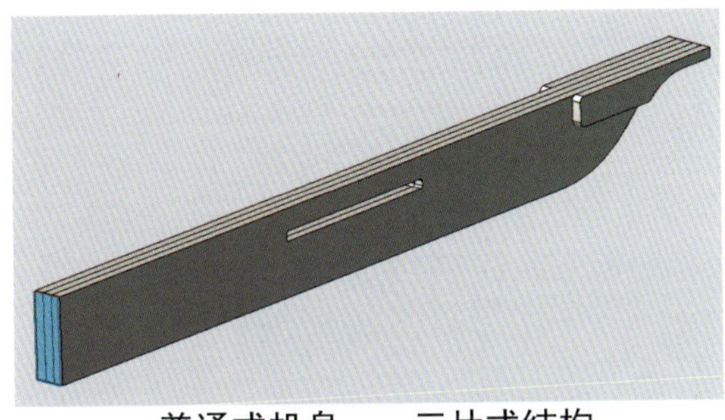
普通式机身——三片式结构

优点 设计制作简单，飞行阻力较小。

缺点 强度较弱，机身易变形。

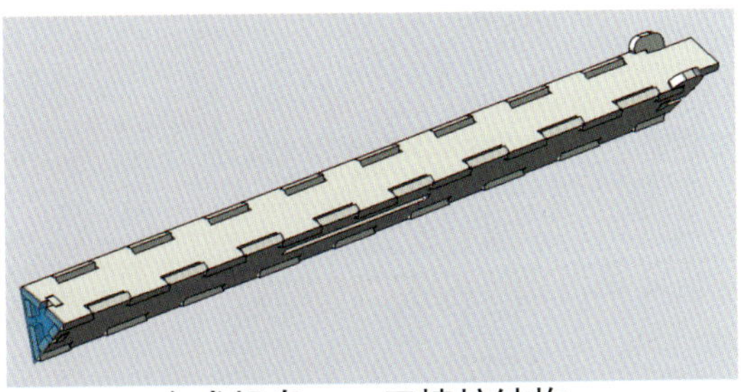
盒式机身——三棱柱结构

优点 稳定性较高。

缺点 横截面积较大，飞行阻力较大。

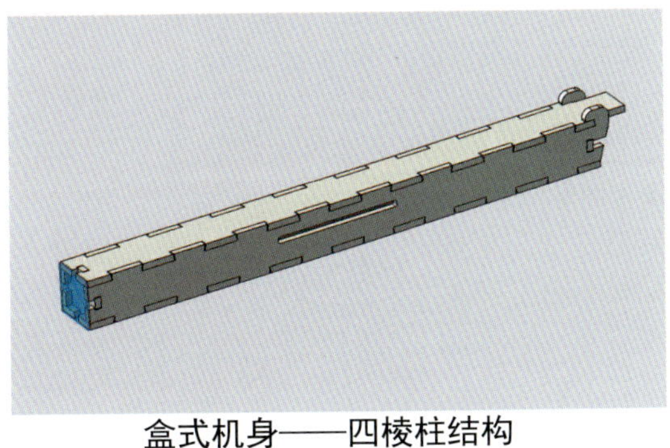
盒式机身——四棱柱结构

优点 结构强度较高，易于安装其他部件。

缺点 机身较重且阻力较大。

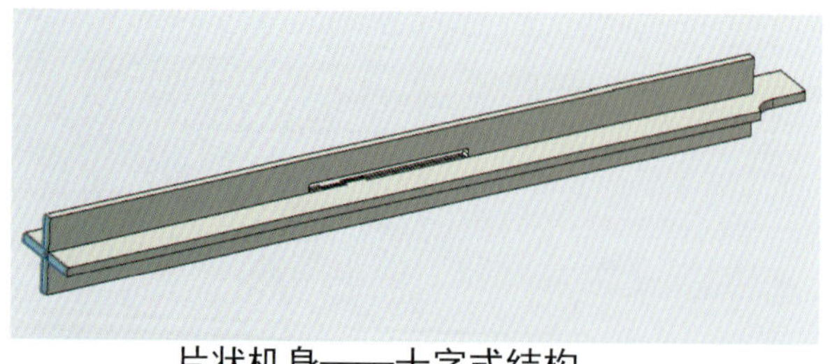

片状机身——十字式结构

优点　机身重量最轻。

缺点　制作难度较大，机身强度较弱。

7.4 随堂练习

下列图中适合作为手掷飞机制作的材料有＿＿＿＿＿＿。

A.轻木

B.碳纤维复合材料

C.钢材

D.KT板

机身的制作

随着现代航空技术的进步以及新的飞行动力理论的应用，飞机机身的外形也更加多变。现代超高声速飞机多采用翼身融合体的设计，把机翼和机身融合为一体。

★ 机身长度的选择

★ 设计制作KT板手掷飞机机身

★ 掌握机身结构强化的方法

8.1 机身长度的选择

真实飞机的机身，是飞机结构中最复杂的一个部件，在选择参数、确定外形时，必须综合考虑下述诸多因素：

（1）有足够大的内部容积，保证满足内部装载人员或货物的使用要求。

（2）机身光滑且整体呈流线型，以减少阻力。

（3）有利于进行结构布置，具有足够的结构强度，便于连接和安装机翼、尾翼等其他部件。

因此，设计师在设计机身时，对于不同类型的飞机所考虑的侧重点是不同的。

波音PK空客

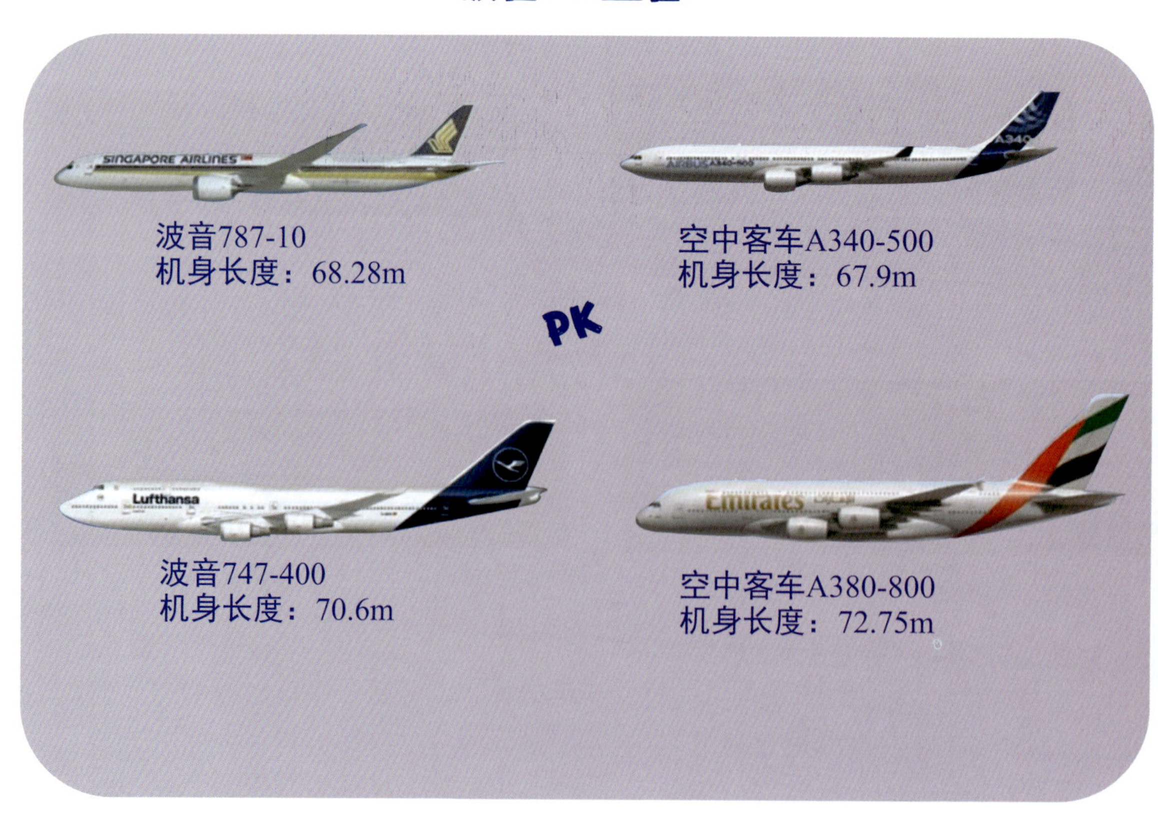

8.2 机身的设计与制作

亲手制作一个既结实又有利于飞行的机身，是我们本节课的目标。请大家开始设计与制作吧！

1.设计与制作任务

（1）选择机身结构，绘制飞机机身设计图纸。机身的长度不超过60cm，机身的宽度不超过5cm。

机身的结构尺寸

机身结构	长 度/cm	宽 度/cm	高 度/cm

（2）将设计图合理地布局到KT板上。

（3）利用工具对机身进行裁切、组装。

2.设计与制作材料

A4纸、笔、KT板、热熔胶枪（胶棒）、护手尺、砂纸、护手刀。

3.设计与制作步骤

（1）根据设计目标，绘制机身结构设计图。

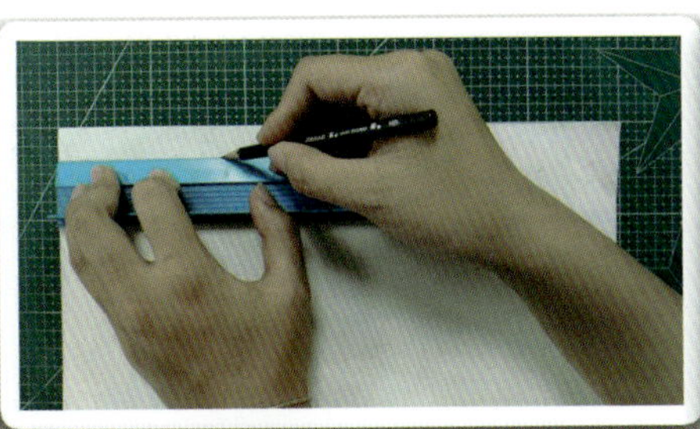

（2）根据设计图纸，将其按比例画在KT板上，使用护手尺和护手刀裁切机身。

（3）粘贴拼接机身。

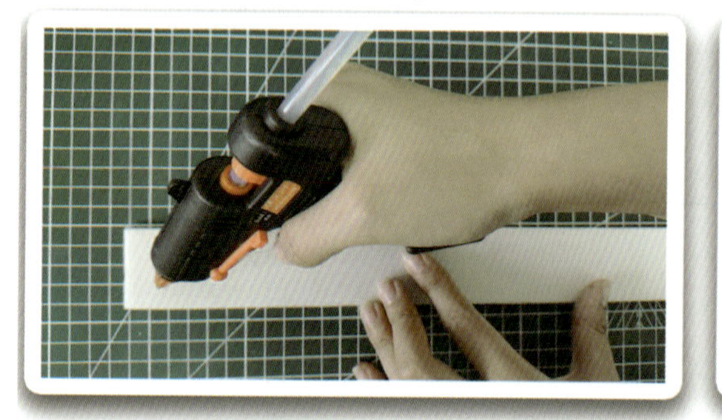

注意：严格遵循热熔胶枪的使用方法，粘贴时保证机身平整。在粘贴牢固的前提下，控制用胶量。

（4）运用砂纸打磨机身，对机头进行裁剪与打磨，使机身表面光滑，呈流线型。

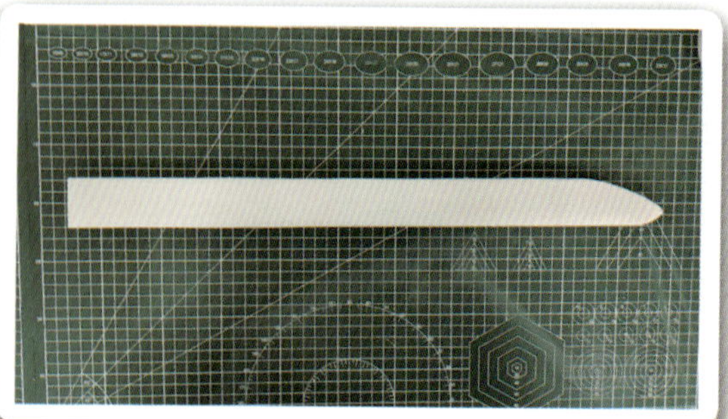

8.3 机身结构加强

在控制机身整体重量的前提下，可以通过以下方式对机身进行加固，增加机身的结构强度：

（1）采用普通胶带或纤维胶带粘贴机身，进行结构加强。

（2）将松木条固定在机身下方，以此增加机身的结构强度。与胶带相比，松木条具有刚性好、不易弯曲的特点。

第9课 翼型的制作

飞机的设计不是一蹴而就的。我们已经学会了制作机身的方法，为做出一架性能优异的手掷飞机打下了基础。这节课，就让我们一起学习有关机翼翼型的知识。

学习目标

★ 了解空气压强造成的现象

★ 初步理解机翼产生升力的原理

★ 学习机翼的翼型并掌握制作方法

9.1 吹纸小实验

将两张纸平行贴近放置，向两张纸中间吹气。

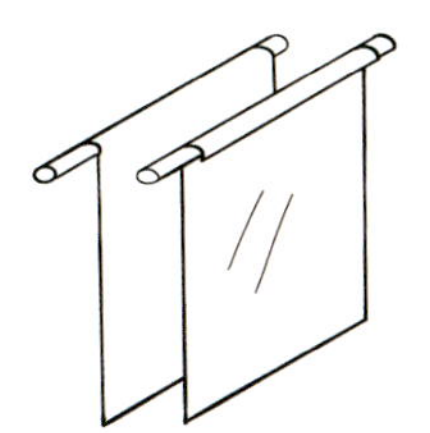

猜一猜：吹气时，两张纸会出现什么现象？

1.现象

通过实验我们可以发现，向两张纸中间吹气，气流经过时，两张纸会迅速靠拢。吹气结束后，两张纸会分开。

2.原因

向两张纸中间吹气时，纸张内外两侧的压强发生了变化。

由“伯努利原理”可知：吹气时，两张纸内侧的气流流速加快，纸张内侧压强变小，而纸张外侧的压强比内侧大，所以两张纸会靠拢。停止吹气后，纸张内侧没有快速流动的气体，压强与纸张外侧一致，两张纸会分开。

【拓展知识】

“伯努利原理”是1726年由丹尼尔·伯努利首次提出的。“在水流或气流里，如果速度小，压强就大；如果速度大，压强就小”。他总结了流速和压强之间的关系，简单来说就是“流速大的地方压强小”。“伯努利原理”在航空、航海及日常生活中有着广泛的应用。

9.2 飞机飞行中的受力分析

飞机在飞行时会受到向前的拉力，向后的阻力，向上的升力和向下的重力。

拉力由飞机发动机提供，是使飞机前进的力。重力是因地球的吸引而受到的力。向上的升力主要由机翼与空气的相对运动产生，向后的阻力也是由空气产生的。

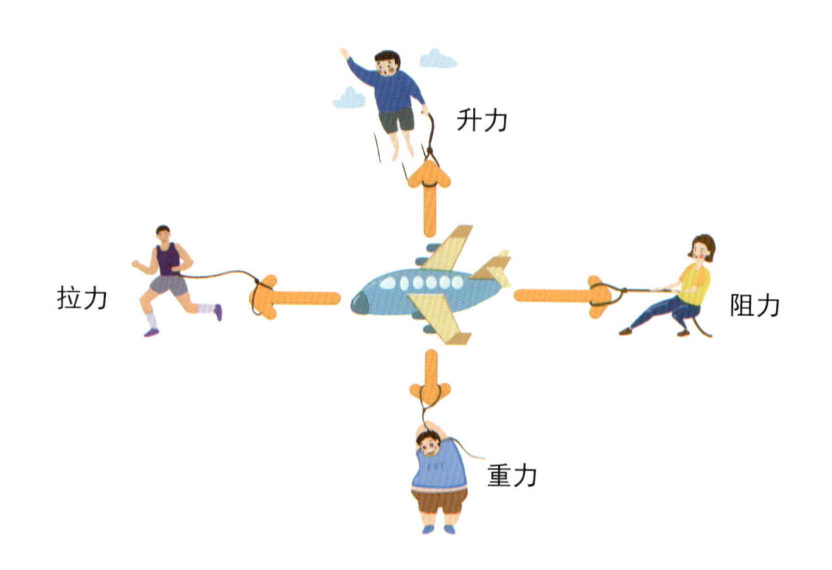

9.3 伯努利原理与飞机升力的关系

一切形式的航空飞行都离不开遍布四周却不为我们所见的空气，它似乎没有任何重量，却能让我们飞得更高。

将机翼从上而下切割，从横截面的形状可见，机翼顶部凸起，底部较平，这使得飞机前行时机翼上方的气流流线密集，其气流流速快，下方的流线稀疏，流速慢。由伯努利原理可知，机翼上方的压强小，下方的压强大。飞机就是靠空气对机翼向上和向下的压力差产生升力，进而升空的。

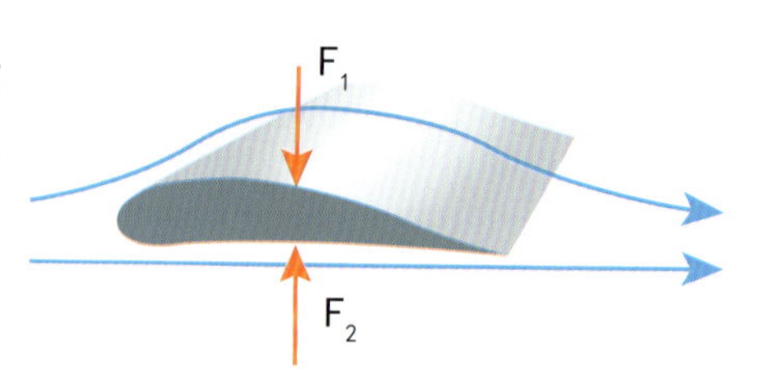

因此，我们在制作机翼时，要让机翼上、下表面形成平滑的曲线，打造出合适的翼型。

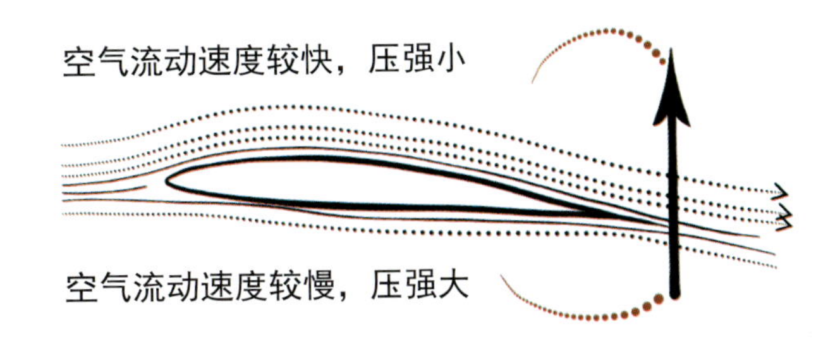

9.4 机翼的翼型

机翼的剖面通常称为“翼型”。翼型最前端的一点叫“前缘点”，最后端的一点叫作“后缘点”，两点之间的连线叫“翼弦”。翼型直接影响着飞机的气动性能，因此选择合适的翼型是飞机设计流程中的重要一环。

机翼常用的翼型有平凸翼型、凹凸翼型、双凸翼型、对称翼型、S形翼型等。

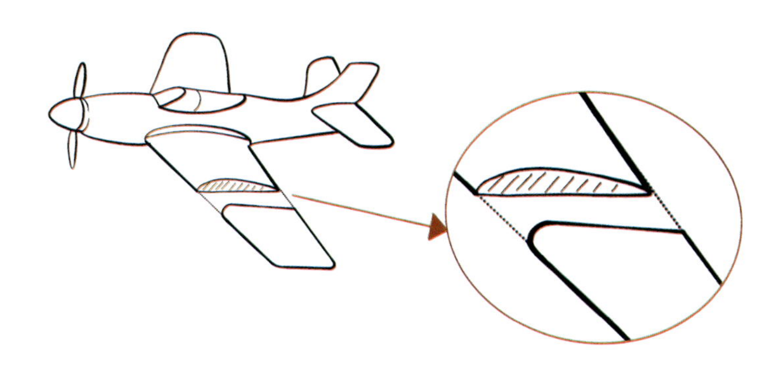

平凸翼型

平凸翼型是指上弧线凸出而下弧线较为平直的翼型。一般使用平凸翼型机翼的飞机速度不是很快，升力比较大，飞行时较容易控制，而且降落时的滑翔性能也很好。

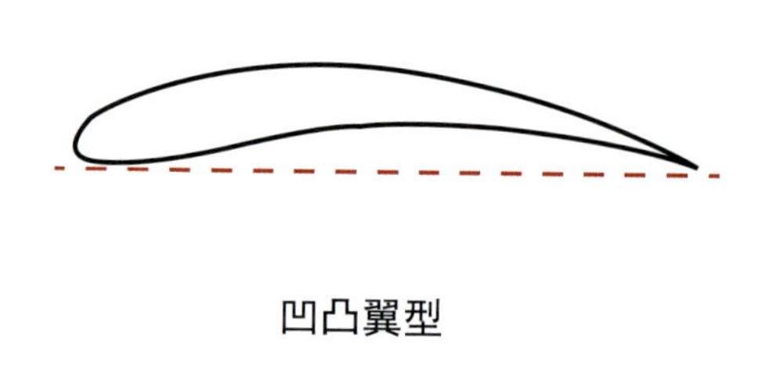
凹凸翼型

凹凸翼型是指上弧线凸出而下弧线向内凹进的翼型。相较其他翼型，凹凸翼型具有最大的升力系数，在一定范围内的阻力系数也比较低。此外在满足同等升力参数条件下，采用这种翼型的机翼是最轻的，因此也有利于飞机减重。

双凸翼型是指上、下弧线都向外凸出的翼型，但上弧线的弯度比下弧线大。这种翼型受到的空气阻力小，但升力也小，一般用在特技模型飞机上。

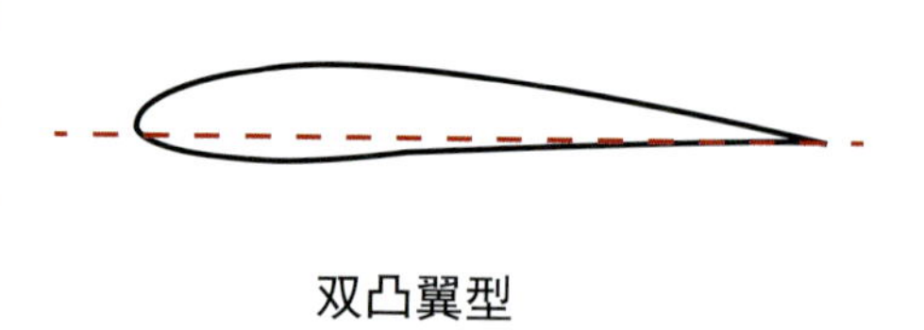
双凸翼型

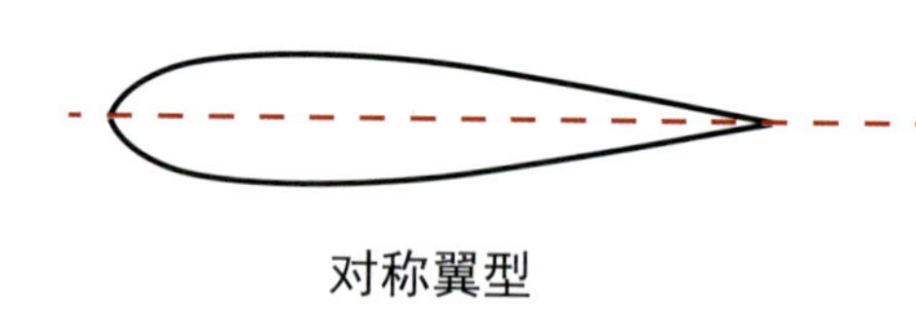
对称翼型

对称翼型是指上、下弧线对称的翼型。在所有翼型中对称翼型的阻力是最小的，但其在零迎角时无法产生升力。使用对称翼型的飞行器，在正飞和倒飞时并没有太大的区别。对称翼型广泛用于低速特技飞机的主翼和高性能直升机的旋翼。另外，很多飞机的水平尾翼也使用对称翼型，以获得最佳的操纵效果。

S形翼型的中弧线像是横放的“S”。采用S形翼型是为了调整全机焦点的位置，使飞行器趋于静稳定状态。S形翼型的缺点是S翼翼尖上翘，后缘气流向上，机翼受到反作用力向下，也就是说升力减小了。S形翼型主要用于飞翼布局的飞机。

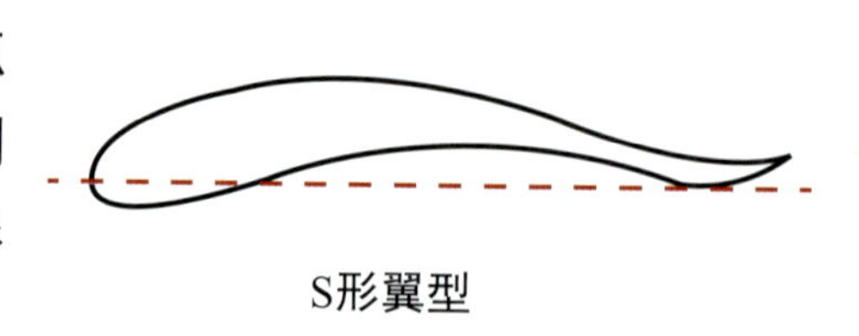
S形翼型

9.5 KT板翼型的制作方法

要想制作出利于飞行的机翼翼型，我们需要掌握翼型制作的方法。请各位同学跟随航小空开始进行翼型制作吧。

1.翼型的制作方法

（1）沿着机翼前、后缘的方向，在机翼内部安装翼肋（红色）。

（2）沿着机翼左右方向，在机翼内部安装翼梁（绿色）。

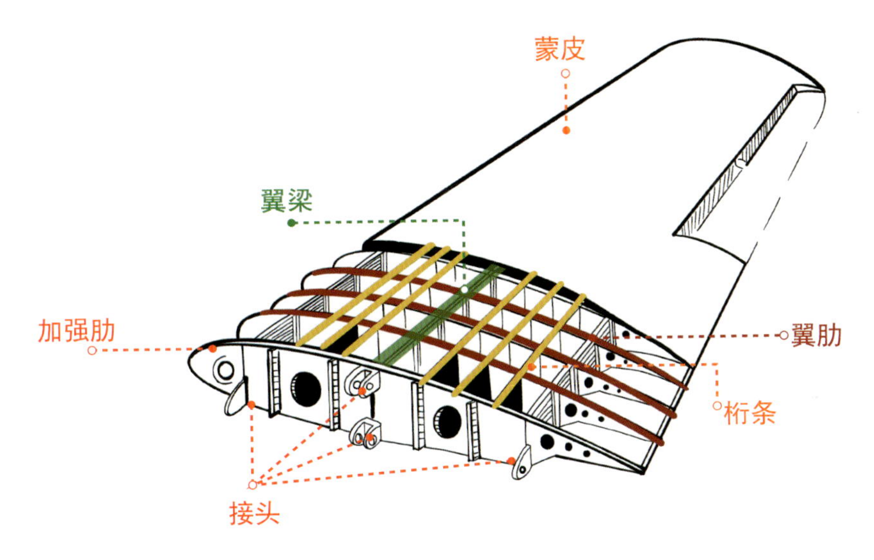

以安装翼梁为例，具体制作方法如下：

①选择大小合适的KT板，顺着KT板纹理用铅笔画出折痕，弯度大的地方间距可以密一些。

②在机翼的左侧边缘切出1cm宽的斜边。

③如图，在画红线处背面粘贴胶带，然后在正面相应的位置上，切出一个“V”字形的斜边。

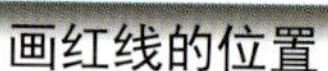
画红线的位置

背面贴上胶带

正面切出“V”字型

④根据翼展长度，选择合适的梁（选用KT板、松木条、碳纤维杆均可），粘贴在机翼宽度的40%处，固定翼梁（若翼展为70cm，梁的高度为5mm左右即可）。

⑤将KT板右侧粘上胶带，然后将左右两侧合在一起，翼梁在内部。

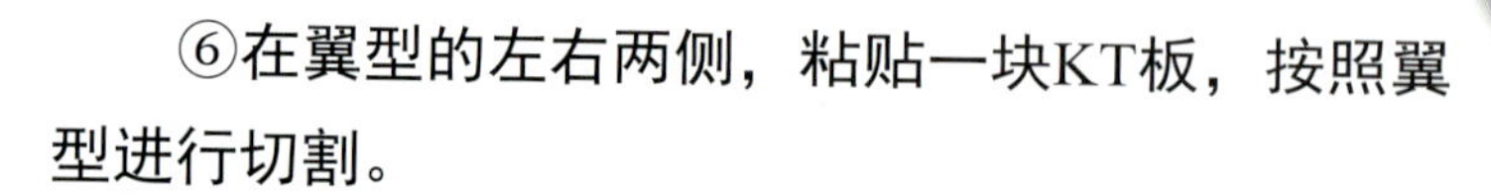

⑥在翼型的左右两侧，粘贴一块KT板，按照翼型进行切割。

2.打磨法与切割法

在手掷飞机制作中，为了减轻飞机重量，通常省去翼型加工，主要采用打磨的方式形成简易的翼型结构。

（1）砂纸打磨法。

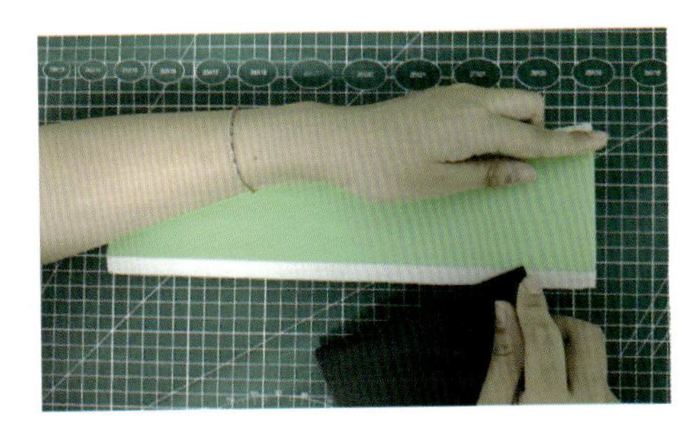

①用尺子测量KT板边缘1~2 cm的位置，用记号笔标记。

②用护手刀沿记号处轻轻将KT板的蒙皮割开。注意一定要轻，割开蒙皮即可，不要将KT板切破。

③将蒙皮撕开，用砂纸对露出泡沫的部分进行打磨，打磨时要轻缓，不然很容易对KT板造成损伤。

（2）护手刀切割法。

①用尺子测量KT板边缘1~2cm的位置，用记号笔标记。

②KT板的厚度为5mm，沿标记的位置与KT板2mm厚的位置斜向切割，注意切割整齐。

③切割后，不平整的地方可以用砂纸进行二次打磨。

注意：砂纸打磨时间虽然较长，但难度较小，且机翼较平整，更适合新手操作；护手刀切割较快，虽然可以节省时间，但难度较大，切割不当容易发生危险，更适合熟练后的比赛操作。

3.翼型的制作

（1）制作任务。

①裁剪一块30cm×10cm的KT板。

②对KT板的两个边进行打磨，打磨的宽度分别为1cm与2cm。

③使整个翼型光滑、平整。

（2）制作材料。

KT板、胶带、护手刀、护手尺、砂纸、笔、切割垫。

准备好材料后，同学们就可以开始动手制作啦！

第10课

机翼的平面形状

在飞机发展的历程中，机翼出现过各式各样的形状。有类似鸟类翅膀的形状，也有像百叶窗一样的形状，还有的机翼采用常见的圆形、矩形、三角形、环形等形状。本节课，我们将通过学习机翼的平面形状，进入机翼的设计与制作环节。

学习目标

★ 了解机翼的平面形状及特点
★ 确定机翼的各项参数
★ 掌握机翼的设计与制作方法

10.1 确定机翼的面积

机翼面积的确定对飞机设计至关重要。当其他条件相同时，若机翼面积小，则飞行阻力小，飞行速度快，相同时间下飞行的距离长；若机翼面积大，则提供的升力大，飞行稳定性高，飞行效率高，相同燃油下飞行的时间长。

机翼面积与飞机起飞重量都会影响飞机的飞行性能。飞机的起飞重量与机翼的面积需要达到合理的比例，这里我们引入“翼载荷”的概念。飞机起飞重量和机翼面积之比称为翼载荷：

翼载荷=飞机起飞重量÷机翼面积

对于无动力手掷模型飞机来说，飞机制作材料（600mm×450mm×5mm的 KT 板）与配重片（3个10g的铁片）相结合，总重量大约为100g。

两个鸡蛋的重量大约为100g

知道了翼载荷后，我们就能推算出要制作的机翼面积，快来根据这个表查一查吧。当飞机起飞重量为100g时，翼载荷与机翼面积对应关系见下表。

翼载荷/（g·dm^{-2}）	机翼面积/dm^2	机翼面积/cm^2
35	2.86	286
30	3.33	333
25	4	400
20	5	500
15	6.67	667
10	10	1000

注：表中数据仅供参考，可依据实际情况微调。

10.2 确定翼展的长度

展弦比指的是机翼翼展和平均弦长之比：

展弦比=翼展÷平均弦长

机翼面积的计算公式为

机翼面积=平均弦长×翼展

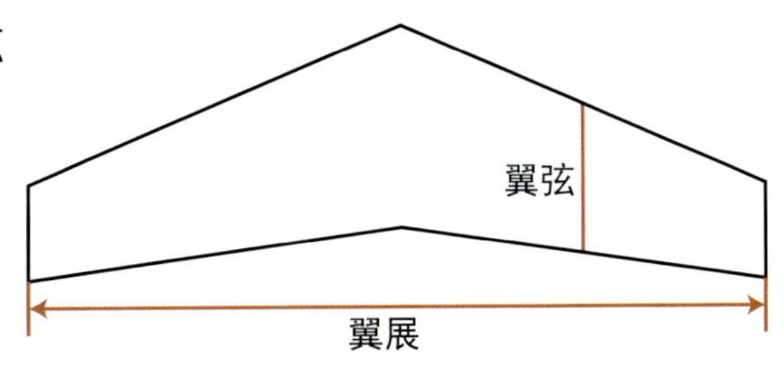

大展弦比表明机翼长且窄，小展弦比表明机翼短且宽。大展弦比的飞机留空时间较长，小展弦比的飞机飞行速度较快。

手掷飞机因为无动力装置，为了实现竞距飞行目标，需要综合考虑选择合适的展弦比与机翼平面形状。

确定了机翼面积后，以常规布局飞机展弦比设定为8计算，翼展长度数据见下表。

翼载荷/（g · dm^{-2}）	机翼面积/cm^2	翼展/cm^2
35	286	48
30	333	51
25	400	57
20	500	63
15	667	73
10	1000	89

注：表中数据仅供参考，可依据实际情况微调。

10.3 机翼平面形状的选择

从飞机的外观来看，差异最大的就是机翼的形状，这是因为不同的机翼平面形状会带来不同的飞行性能。让我们带着求知的好奇心，去探索关于机翼的奥秘吧！

1. 矩形翼

优点　结构简单，易于制作，产生升力效率高，飞行稳定性较好。

缺点　阻力较大，不利于高速飞行。

2. 梯形翼

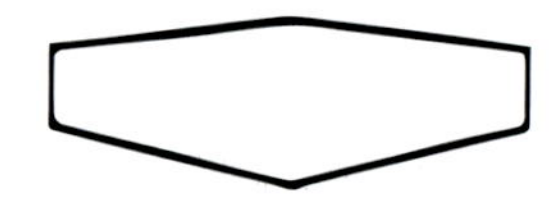

优点　梯形翼阻力小于矩形翼，机翼重量较轻。

缺点　升力小于矩形翼，稳定性不如矩形翼。

3. 椭圆翼

优点　阻力更小，稳定性较高。

缺点　加工制造困难，维修保养繁琐。

4. 三角翼

优点　利于高速飞行，升力更大，结构强度高。

缺点　不利于短距起降。

5. 后掠翼

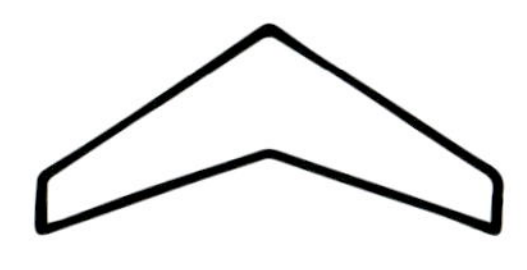

优点　有利于高速飞行，减小阻力。

缺点　机翼结构强度较弱。

6. 前掠翼

优点　利于高速飞行，升力损失小，稳定性比后掠翼高。

缺点　机翼容易产生上扭，破坏结构。

10.4 确定机翼参数

1.矩形机翼参数计算公式

面积=翼展×高

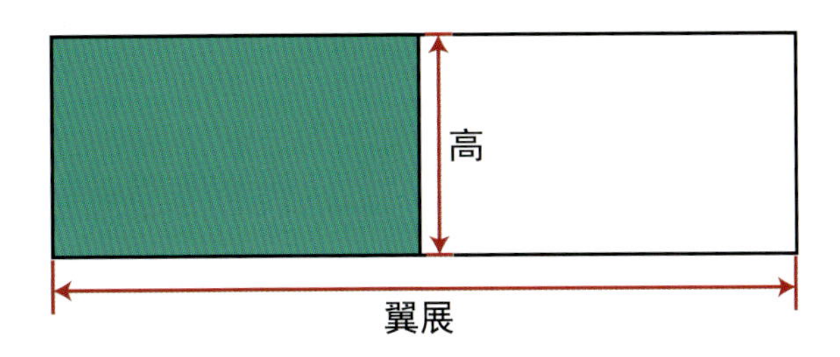

2.梯形机翼参数计算公式

面积=（上底+下底）×翼展÷2

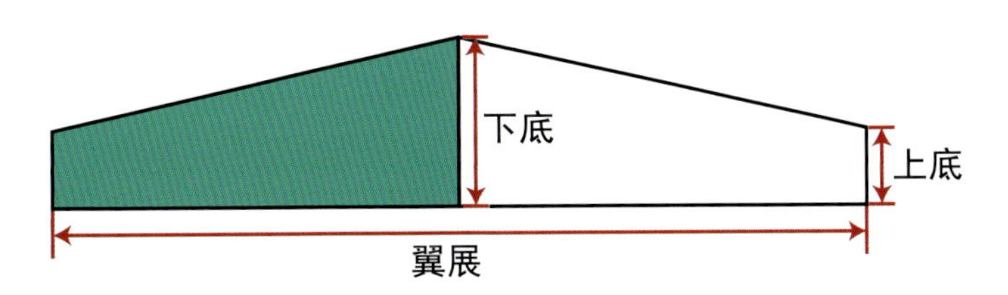

3.三角形机翼参数计算公式

面积=翼展×高÷2
单侧机翼长度=翼展÷2

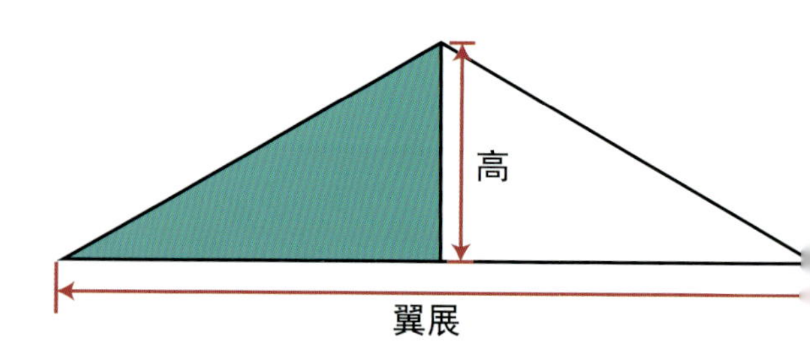

10.5 机翼设计与制作

接下来，请各位制作小达人根据所学内容动手做出你喜欢的机翼吧！

1.设计要求

（1）根据各小组手掷飞机的起飞重量，确定适当的机翼面积。

（2）可参考第8课机身长度确定机翼翼展范围。机身的长度大约是机翼翼展的70%及以上。

（3）根据机翼面积与机翼平面形状，确定机翼制作的各项参数，画出机翼的设计图，并填入下表中。

例：梯形机翼设计图如下。

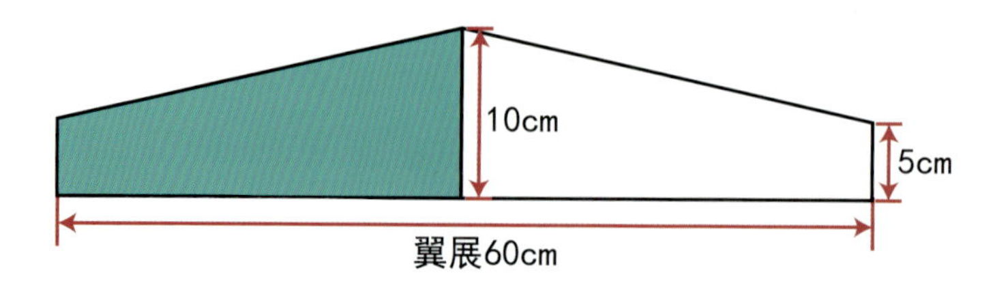

课程活动单		
机翼面积/cm^2		机翼平面形状（绘图）
翼展/cm		
机翼长度/cm		
机翼宽度/cm		
翼型		

2.制作方法

（1）准备工具：护手尺、胶枪、胶棒、马克笔、600mm×450mm×5mm KT板、护手刀、砂纸。

（2）绘制设计图：用马克笔在KT板上画出机翼平面形状。

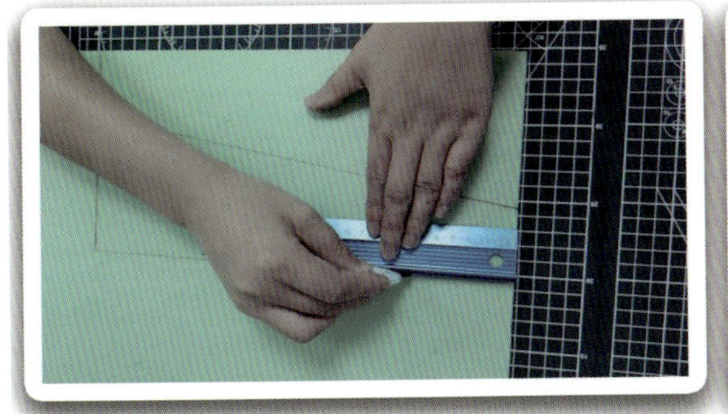

（3）切割KT板：先将KT板表面蒙皮沿直线笔直地切开，然后稍用力即可掰开KT板。

（4）机翼初步裁切完成。

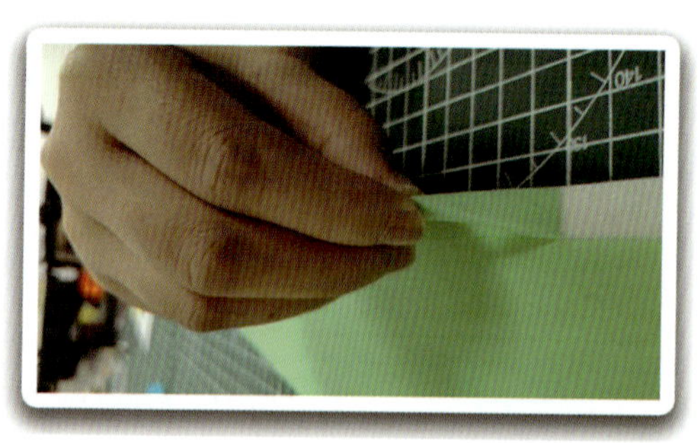

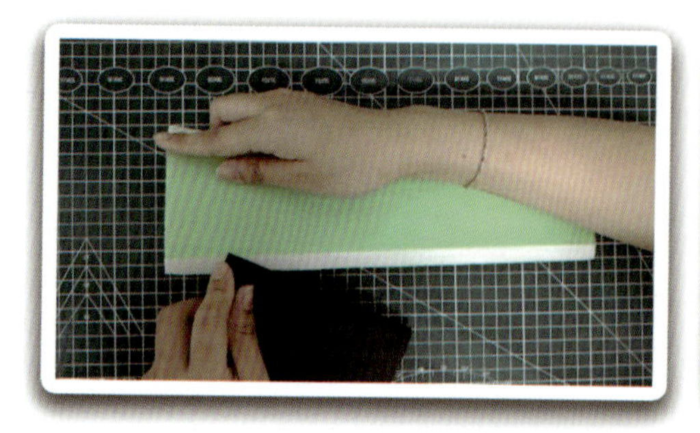

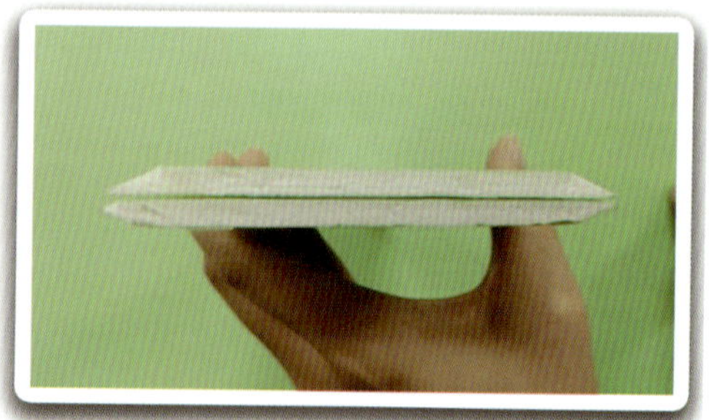

（5）打磨：将机翼表面塑料蒙皮轻轻划破，轻微撕下蒙皮露出白色泡沫部分，打磨过程中随时观察是否打磨均匀平整，最后对比翼型是否吻合。

（6）加固机翼：用透明宽胶带粘贴机翼前缘位置，减少阻力，增加机翼强度及使用时长。

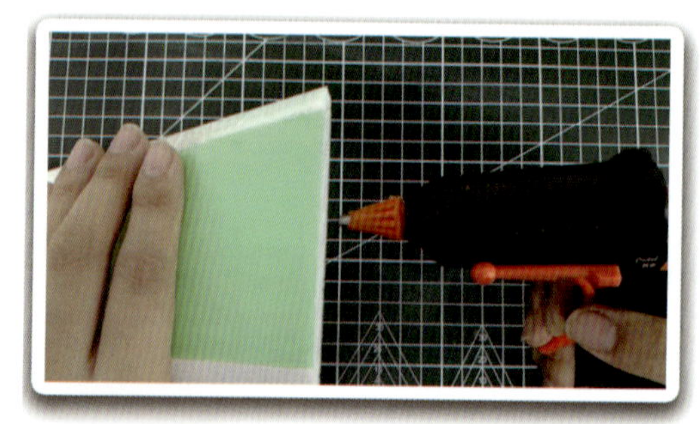

（7）粘贴机翼：打磨完成后，即可利用热熔胶枪粘贴。使用热熔胶枪时，枪头不可触碰KT板，点胶要均匀，迅速将两块机翼粘合，待胶干后再松开手。

第11课

机翼上反角的制作

如果仔细观察飞机的机翼，会发现大部分机翼是略微向上倾斜的，与水平面之间形成一个夹角。这个夹角就被称为机翼的“上反角”。为什么要设计上反角？它有什么作用？如何制作上反角？让我们带着这些问题开始本节课的学习吧！

学习目标

★ 了解机翼上反角与下反角的区别

★ 熟悉机翼上反角制作步骤及方法

★ 掌握机翼安装技巧

11.1 上反角与下反角

机翼安装在机身上的角度称为安装角。它是机翼与水平线所成的角度。安装角向上的称为上反角，向下的称为下反角。

1.上反角

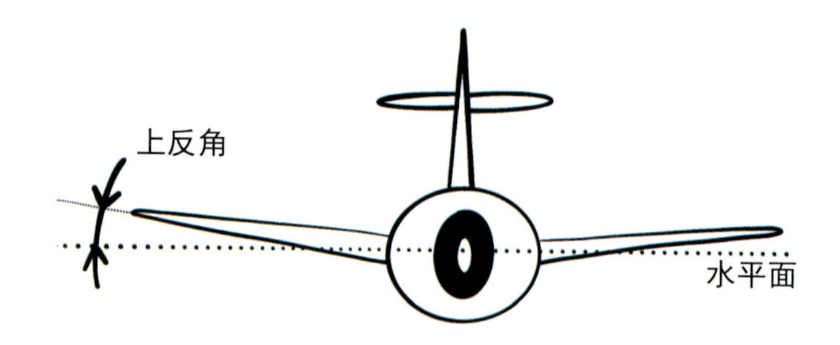

（1）上反角的作用。

适度的上反角，可以增加飞行的稳定性，改善其操控性，特别是在飞机盘旋的时候，能够自动找平。绝大多数民航飞机的机翼都是上反的，这样可以保证飞机的稳定性和旅客的舒适性。除此之外，上反角飞机重心靠下，当机翼倾斜时，重力也会有分力将机翼拉平，最终使飞机平衡。

（2）上反角的类型。

为了获得更好的飞行稳定性，手掷模型飞机在设计和制作时，应更多地采用上反角的机翼。一般来说，手掷模型飞机的上反角有V形、_/形和U形三种类型。

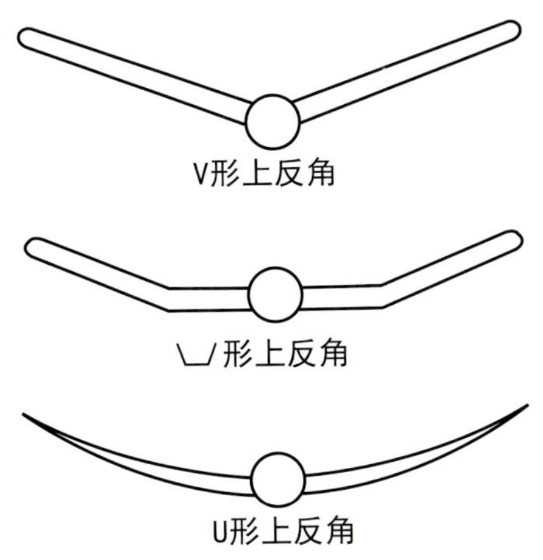

如上图所示，U形上反角的效率最高，但手工制作基本无法做出完美的U形上反角。因此，手掷模型飞机一般采用V形或_/形上反角，其中_/形上反角有利于机翼的安装。

2.下反角

下反角会使机翼重心上移，但下反角的机翼在飞机发生倾斜后，不易恢复平衡。由于重心靠下的运输机灵活性不足，因此可采用下反角的机翼以提高其操作灵活性。有些战斗机在设计时，也会利用下反角使其在战斗中具备机动优势。

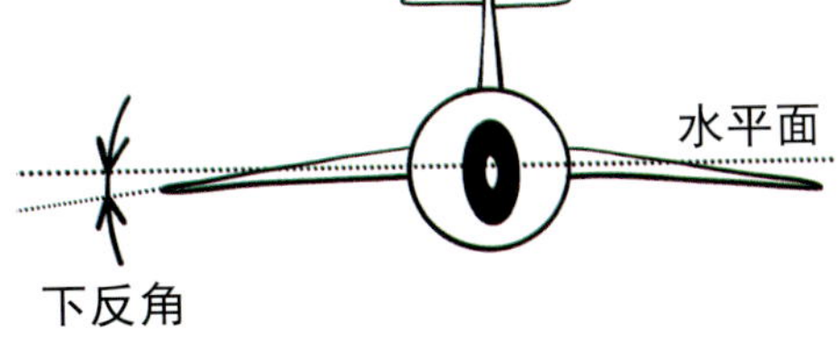

11.2 机翼及上反角的制作

1.制作材料

KT板、热熔胶枪（胶棒）、护手刀、护手尺、砂纸、笔、切割垫。

2.制作任务

（1）团队协作制作机翼及上反角，制作时间为30分钟。

（2）机翼应左右对称，切割工整，两侧机翼的上反角角度一致。

3.制作步骤

（1）绘图：绘制上反角机翼的设计图，并合理布局在KT板上。

（2）裁切：如下图所示，沿实线进行裁切，虚线位置用刀轻轻划破蒙皮。

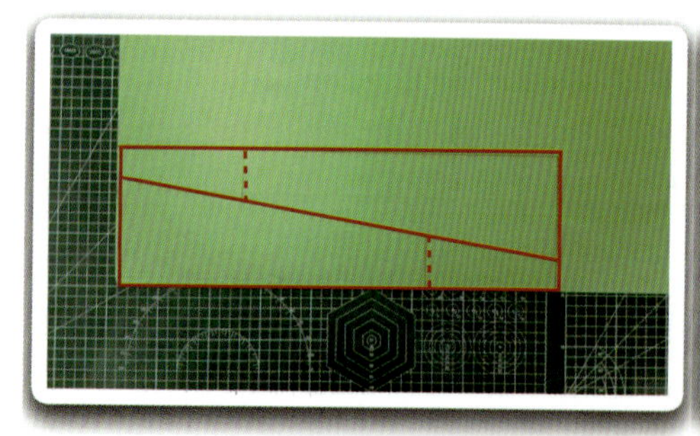
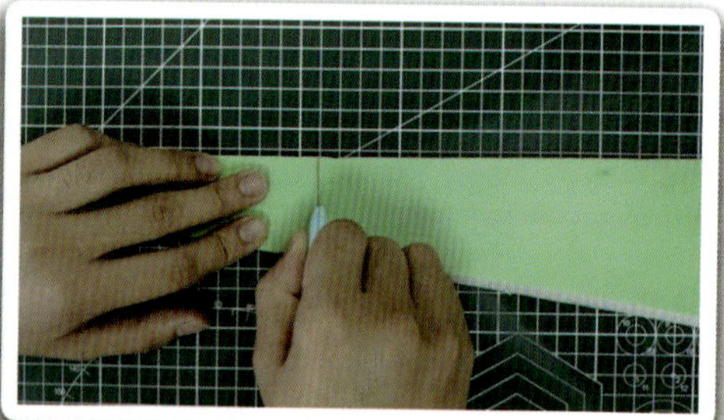

（3）在虚线处的背面粘贴透明胶带进行加固。

（4）用笔头沿着虚线处的划痕轻轻按压，形成凹槽。

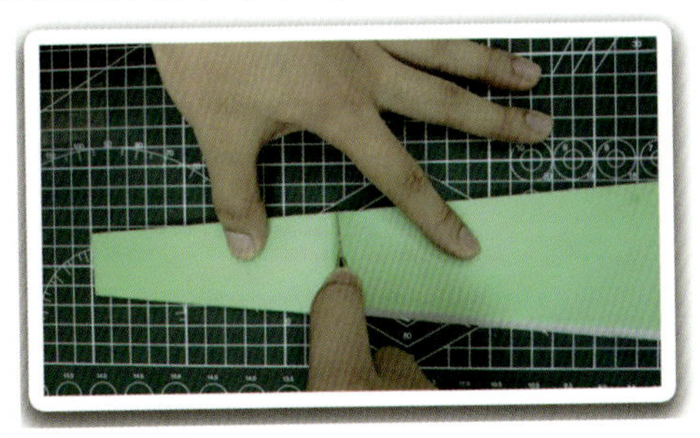

（5）确定上反角度，制作上反角量角器。

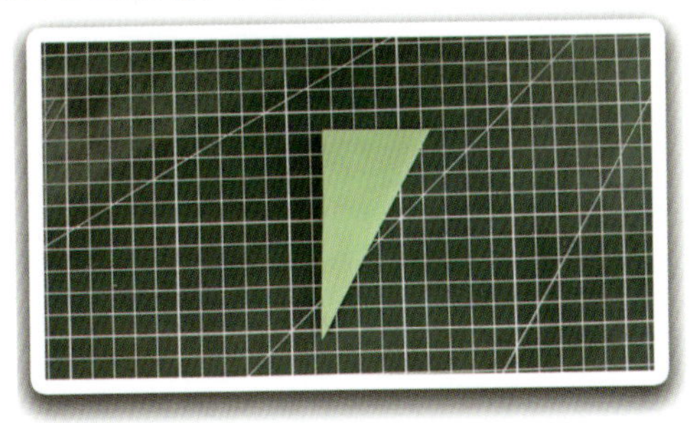

（6）根据上反角量角器在压痕处弯折机翼，用热熔胶枪和纤维胶带固定角度。

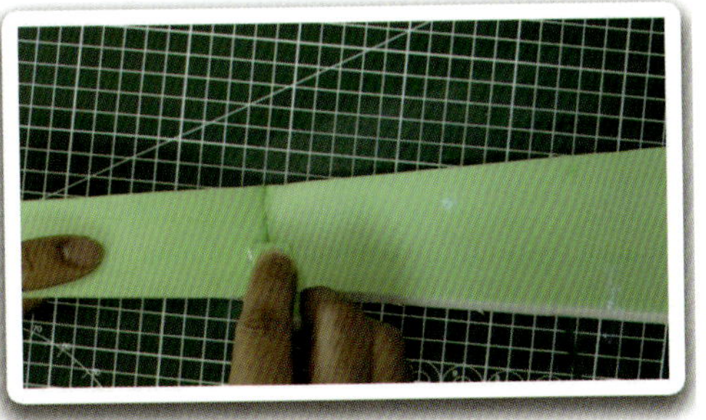

（7）用热熔胶枪粘贴两块机翼，完成机翼及上反角的制作。

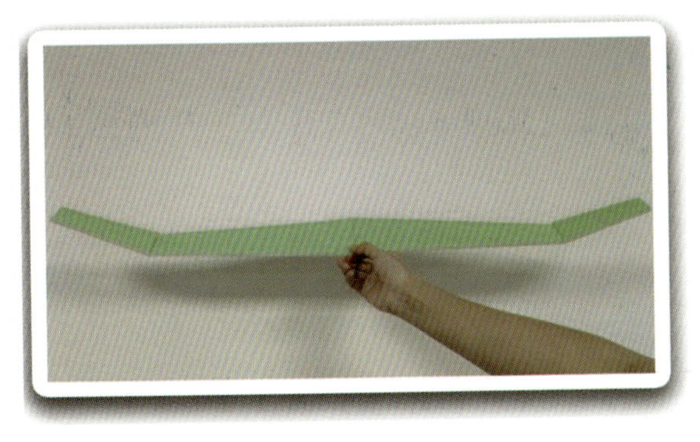

第12课

尾翼的作用与布局

尾翼是安装在飞机后部，起稳定和操纵作用的装置。尾翼包含水平尾翼和垂直尾翼。尾翼是飞机外形中非常重要的部件，因此在模型飞机设计和制作过程中也不能马虎。

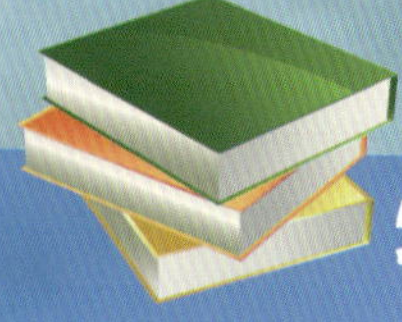

学习目标

★ 了解尾翼的作用及布局

★ 掌握尾翼的参数计算方法

★ 绘制尾翼设计图

12.1 尾翼的作用

尾翼是飞机飞行控制系统的重要组成部分。除了能增强飞机的稳定性，尾翼上的舵面还能用来控制飞机的俯仰、偏航以改变其飞行姿态。

1.飞机的三轴运动

飞机的三轴是指俯仰轴、横滚轴以及偏航轴，其中飞机的抬头、低头是沿着俯仰轴（横轴）运动的，滚转是沿着飞机横滚轴（纵轴）运动的，飞机向左或向右偏转是沿着偏航轴（竖轴）运动的。

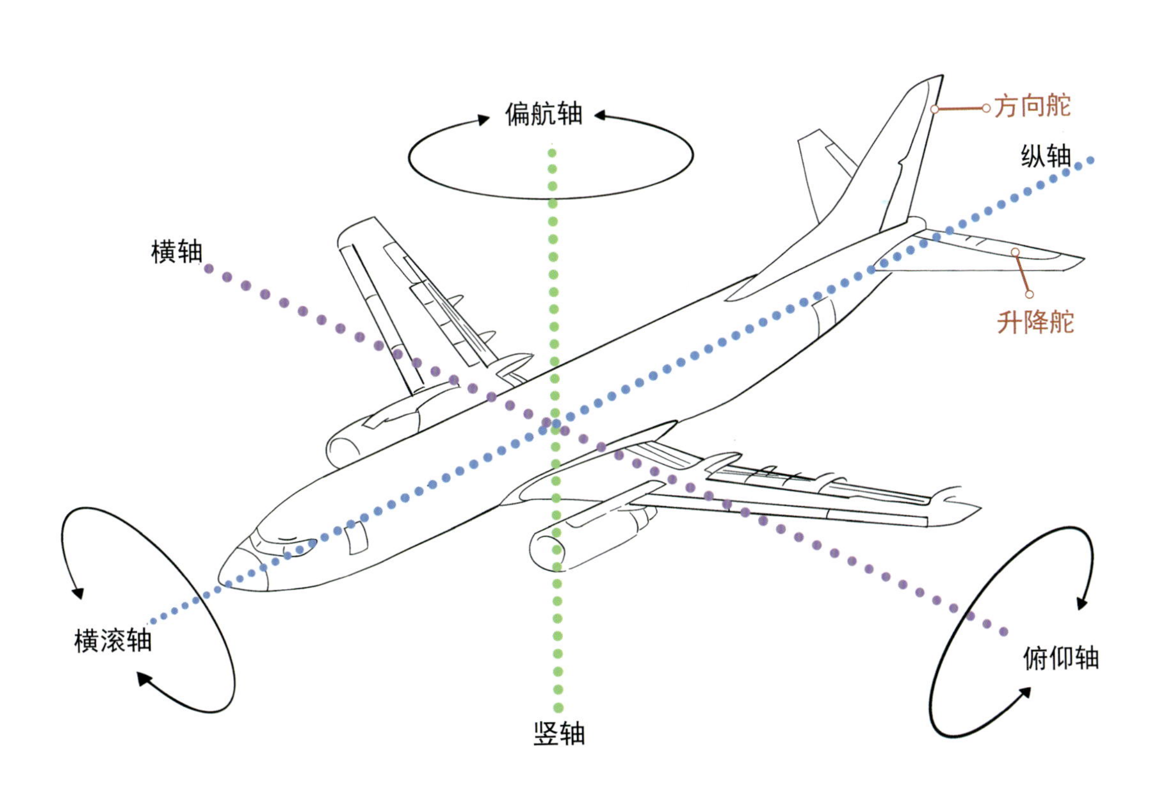

2.水平尾翼

水平尾翼用于控制飞机的俯仰运动，即操纵飞机的抬头或低头运动，使飞机在飞行中保持纵向稳定。

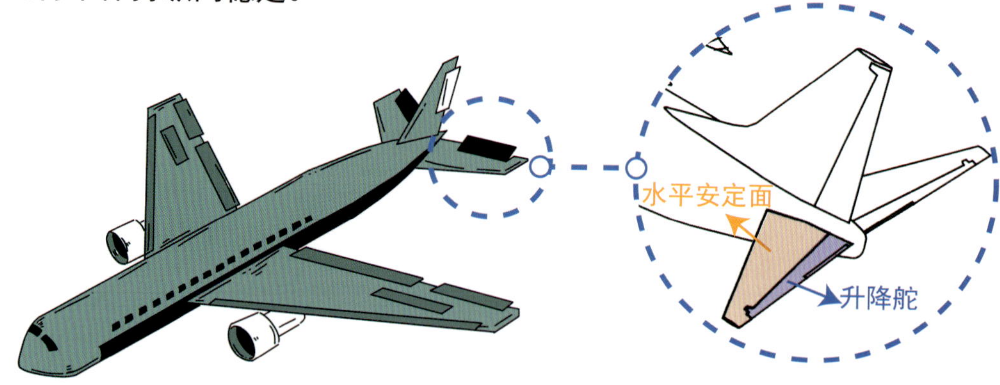

3.垂直尾翼

垂直尾翼用于控制飞机的偏航运动，即操纵飞机左右偏转，保证飞机的横向稳定性。

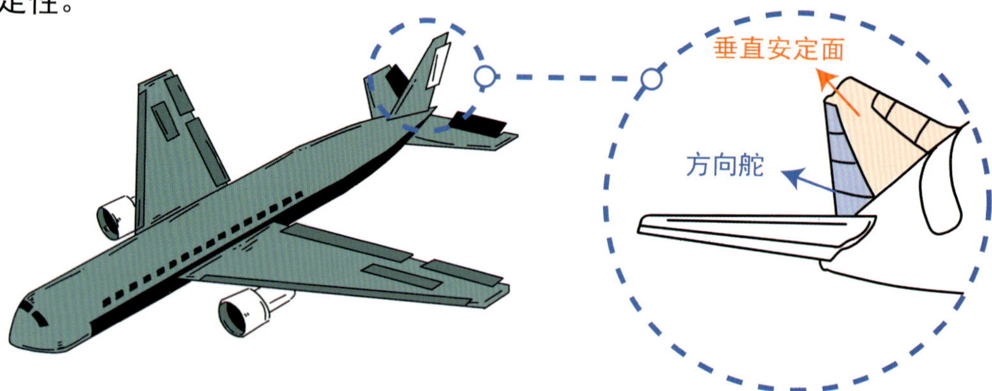

12.2 尾翼的布局

1.常规形尾翼

如今，大多数飞机都采用常规形尾翼，因为其在重量最轻的情况下能提供足够的稳定性与操纵性。

常规形

2.T形尾翼

T形

T形尾翼的水平尾翼位于垂直尾翼顶部。由于受机翼来流影响小，因此尾翼整体效率更高。但为了保证连接强度，垂直尾翼的重量更大。

3.十字形尾翼

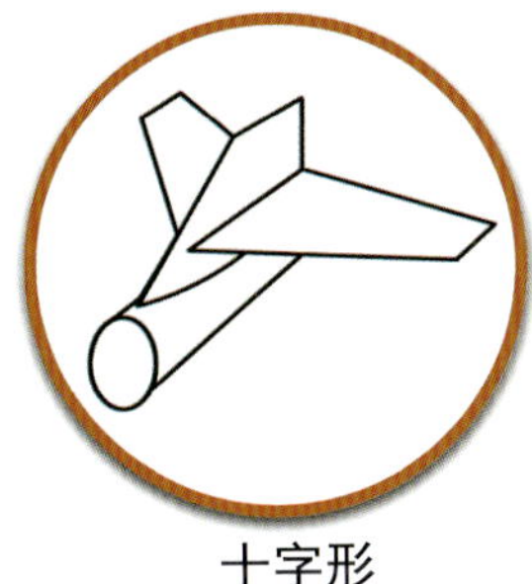

十字形

十字形尾翼的水平尾翼位于垂直尾翼的中部。它兼具常规形尾翼和T形尾翼的优点，缺点是方向舵和升降舵的转动可能受到影响，设计时需要着重考虑。

4.H形尾翼

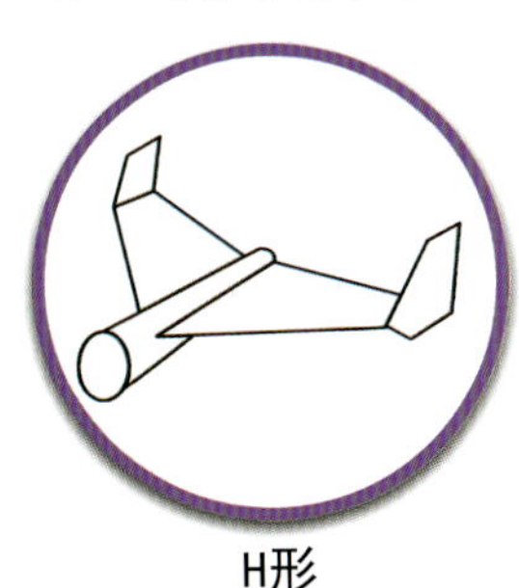

H形

H形尾翼是在水平尾翼两侧安装两个立尾的布局形式。它增大了垂直尾翼的面积，提高了航向的操纵效率。

5.V形尾翼

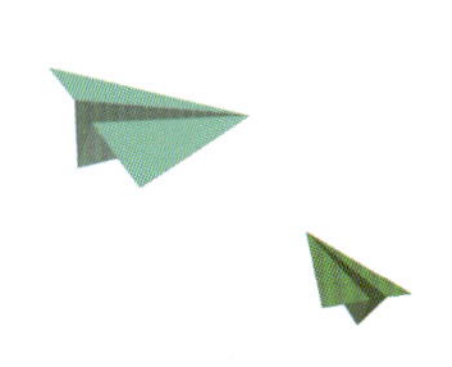

V形

V形尾翼同时兼有垂直尾翼和水平尾翼的功能。当两边舵面向相同方向偏转时，起升降舵的作用；当两边舵面向不同方向偏转时，则起方向舵的作用。V形尾翼具有较小的干扰阻力，但操纵系统相对复杂。

6.双垂尾尾翼

双垂尾

现代双发战斗机由于后机身较宽，可安装双垂尾尾翼。双垂尾尾翼通常比相同面积的单垂尾尾翼重，但它的效率更高一些。

12.3 尾翼设计

利用尾翼插接件，同学们可以设计组装出不同形态的尾翼，然后通过计算尾翼的各项参数，绘制尾翼设计图纸。

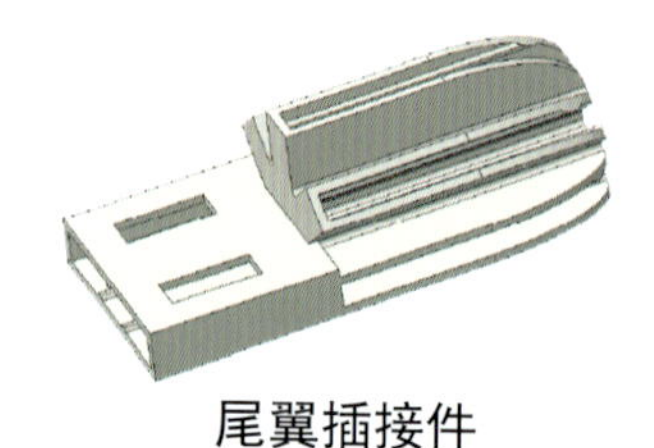
尾翼插接件

1.尾翼设计的依据

根据机身的长度与机翼面积，我们可以推算出尾翼的面积。

水平尾翼的面积为机翼面积的15%~25%，水平尾翼长度为机翼翼展的25%~35%，宽度为机翼最长宽度的50%~70%。

垂直尾翼的面积为机翼面积的10%~15%，垂直尾翼的宽度和水平尾翼的宽度基本相同。

机翼面积与尾翼面积的对应关系见下表。

机翼面积/cm^2	水平尾翼面积/cm^2	垂直尾翼面积/cm^2
286	43~72	29~43
333	50~83	33~50
400	60~100	40~60
500	75~125	50~75
667	100~167	67~100
1000	150~250	100~150

注：数据仅供参考。

可根据尾翼面积确定尾翼形状，其关系见下表。

机翼面积/cm²	平尾面积/cm²	平尾长度/cm	平尾宽度/cm	垂尾面积/cm²	垂尾宽度/cm	垂尾高度/cm
286	72	12~17	4	29	4	7
333	83	13~18	5	33	5	7
400	100	14~20	5	40	5	8
500	125	16~22	6	50	6	9
667	167	18~26	6	67	6	10
1000	250	22~31	8	100	8	12

注：数据仅供参考。

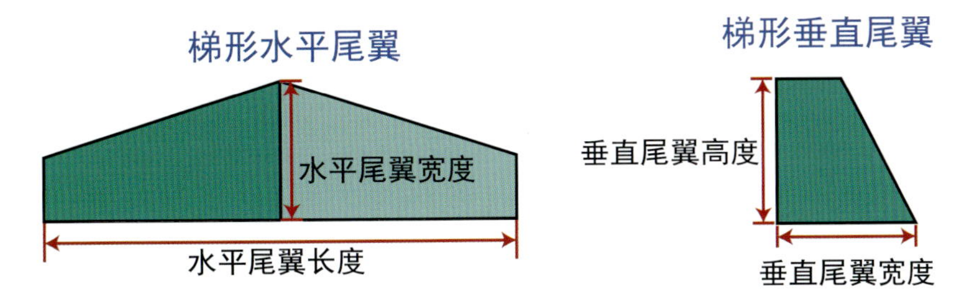

2.尾翼设计方案

（1）根据各小组设计的机翼面积，确定适当的尾翼面积。

（2）根据尾翼面积与尾翼的平面形状，画出尾翼设计图。设计图中需要标出尺寸及单位。

【画一画】

第13课

尾翼的制作与飞机的组装

前面几节课中，同学们已经完成了机身、机翼的设计与制作，本节课将完成尾翼的制作与飞机的整体组装。机翼应该安装在机身的哪个位置？尾翼应该如何组装？一起来学习吧!

学习目标

★ 了解尾翼的制作流程

★ 学习尾力臂的计算方法

★ 完成模型飞机的整体组装

13.1 尾翼的制作

1.制作流程

尾翼的制作流程如下图所示。

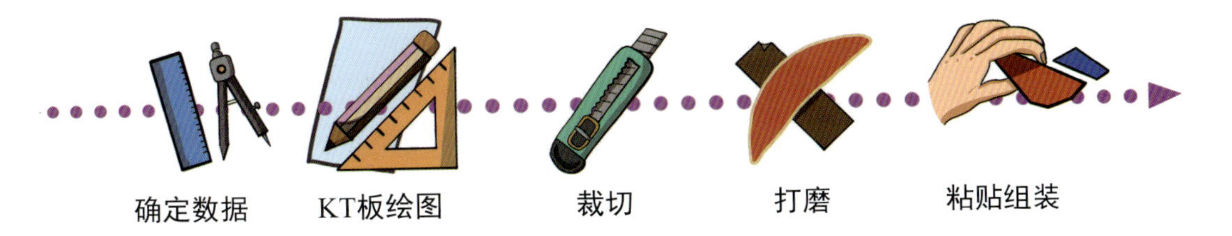

2.制作要求

（1）水平尾翼与垂直尾翼均为梯形。

（2）水平尾翼左右对称。

（3）尾翼切割工整美观。

3.制作步骤

（1）确定尾翼平面形状及尾翼数据。

（2）准备工具：KT板、热熔胶枪、护手刀、护手尺、砂纸、笔、切割垫。

（3）绘图：将尾翼设计图合理布局在KT板上，以备裁切。

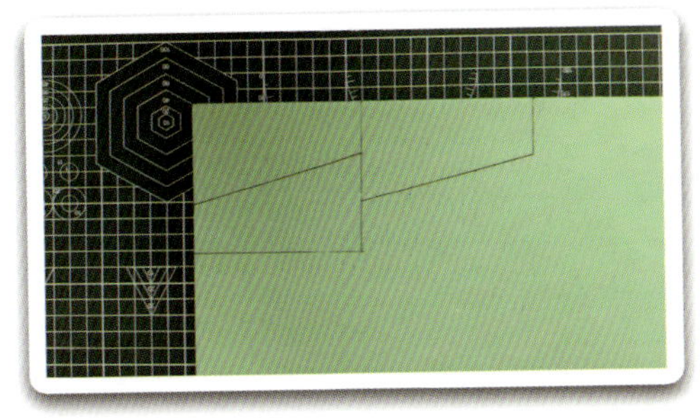

（4）裁切KT板（注意用刀方法与用刀安全）。

（5）打磨：将尾翼打磨光滑平整。

（6）粘贴：将垂直尾翼和水平尾翼进行粘贴，或与机身组合粘贴。

13.2 尾力臂的计算

截至目前，我们做好了模型飞机的机身、机翼和尾翼三大重要组成部分，在整机装配前我们需要确定模型飞机各部件的位置。

尾翼一般安装在飞机机身的末端，机翼应该安装在机身哪个位置呢？我们需要用“尾力臂”来确定机翼的安装位置。可将“尾力臂”看作一条线段，它的起点位于机翼翼根从前向后50%～60%处，终点位于水平尾翼翼根从前向后25%处，这两个点之间的距离就是“尾力臂”的长度。

尾力臂的计算公式如下：

尾力臂长度=机身长度×（50%～65%）

举例计算：

（1）某模型飞机机身长度为50cm，该模型飞机尾力臂长度计算如下：

尾力臂长度=50cm×65%=32.5cm

（2）机翼翼根长度约为10cm，从前向后60%处，即机翼翼根从前向后测量6cm处标记A点，如下图所示。

（3）水平尾翼翼根长度为7cm，从前向后25%处，即水平尾翼翼根从前往后测量1.75cm处标记B点，如下图所示。

（4）该机尾力臂总长为32.5cm，即AB两点之间距离。

（5）先确定水平尾翼安装位置，一般默认在机身尾部。

（6）从B点起测量32.5cm在机身上标记，该点就是机翼翼根A点的安装位置，从而确定机翼在机身上的安装位置。

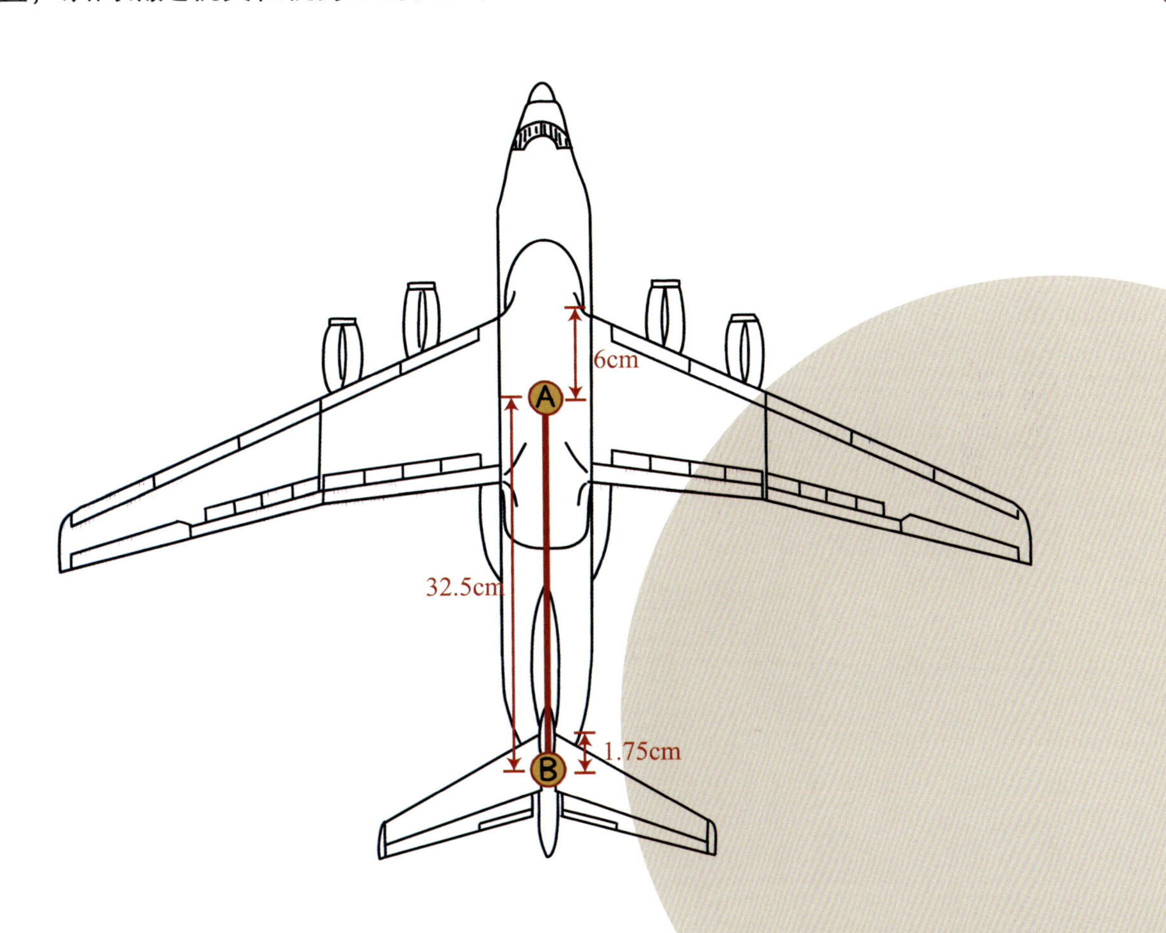

13.3 飞机的整体组装

1.安装步骤（以常规布局为例）

（1）首先确定机翼从前向后50%～60%处，用马克笔标记。

（2）在尾翼翼根从前向后25%处，用马克笔标记。

（3）选取机身，根据尾力臂的长度决定两端的位置。

（4）确定尾翼安装位置，通过尾力臂的长度确定机翼的位置，等待胶粘。

（5）胶粘水平尾翼。

（6）机翼在胶粘时，注意标注点位置保持一致。

（7）垂直尾翼在粘贴时，注意与水平尾翼保持垂直。

（8）整机制作完成。

2.制作检查

在制作过程中，容易出现垂直尾翼倾斜、机翼没有垂直于机身、机翼与水平尾翼歪斜等情况，注意及时调整。

第14课

飞机的重心调整与改进

飞机重心的位置，直接影响飞行的稳定性和操纵性。在飞机总体设计阶段，要通过合理的布局来确定飞机重心的位置。为了使手掷飞机飞出更好的成绩，今天我们来学习飞机的重心调整与改进吧！

学习目标

★ 了解飞机的重心

★ 掌握机翼结构加强的方法

★ 掌握模型飞机的手掷技巧

14.1 飞机的重心

在乘坐飞机时，当你想要看风景而调换到临窗位置时，乘务员会提醒你不能擅自随意调换位置，因为会影响飞机的飞行。有些飞机甚至会将其作为安全准则来提醒大家，在飞机上擅自更换座位很危险。擅自换座位对飞行参数影响最大的就是重心，继而影响稳定性与操纵性。

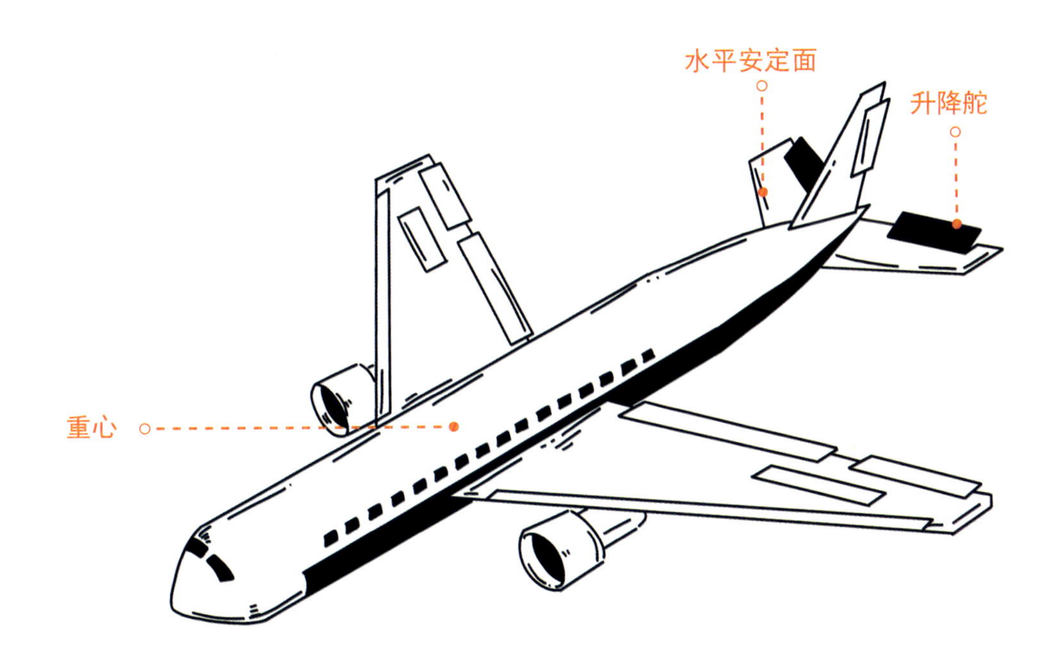

飞机的重心是一个假设的点，假定飞机的重量都集中在这个点上并支撑起飞机，则飞机可保持平衡。飞机重心位置一般在焦点（即升力的合力）之前，运输类飞机的重心位置可以前后移动的范围为20%的平均气动弦长。

飞机在运营过程中每一架次都要进行装载平衡配算，即根据飞机实际重量、重心特点及有关的技术数据，合理科学地计算、配置飞机商载，如旅客、行李、货物、邮件的装载量和位置，使飞机的实际重量和重心处于许可的范围内，从而保证飞机安全、经济地抵达目的地。

14.2 试验机重心的确定

我们可以通过掂起模型飞机来观察它的重心是否在合适的位置，一般刚做好的手掷模型飞机重心会靠后，我们需要用配重片增加模型飞机的机头重量，从而使整个模型飞机的重心靠前，达到配平的效果。

配重方法

两手食指顶在机翼前缘1/3~1/2处，观察飞机是否能保持平衡。若机头朝上，则在机头增加适量配重片，直至食指掂起飞机保持水平状态。

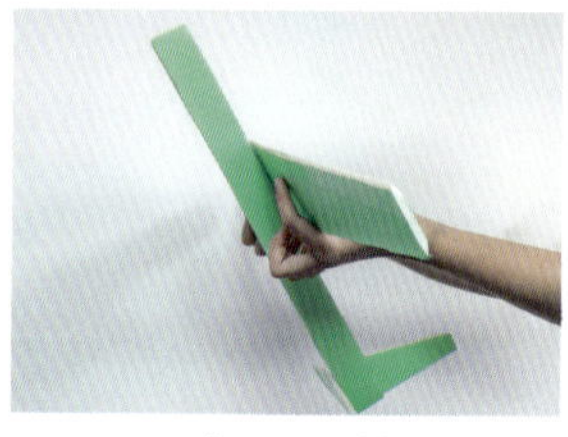

未配重前

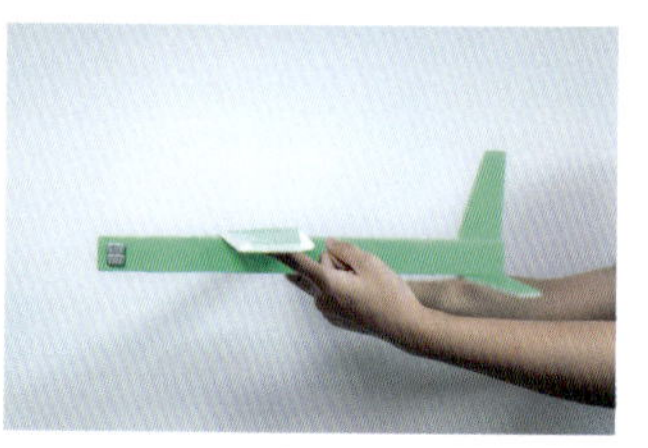

配重后

14.3 机翼结构的加强

1.加固机翼

将纤维胶带或松木条粘贴在机翼下方，加强机翼的结构强度，保证机翼在飞行中不会有太大程度的变形。

2. 改变机翼的大小

在相同机翼平面形状下，弦长不变，适当减小翼展，可以有效改善机翼翼根的受力，使机翼整体强度更高。

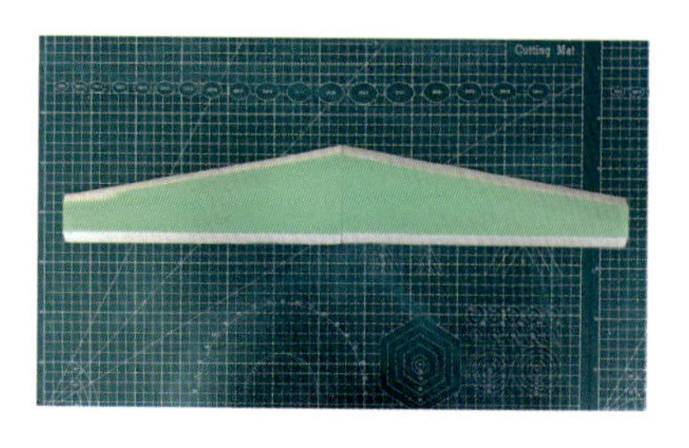

14.4 模型飞机的手掷技巧

1.出手动作要领

（1）出手前，手持部位要靠近模型飞机的重心。如果离重心远，就会造成模型飞机飞行失稳。

（2）出手角度应倾斜向上，建议倾斜角范围为5°~35°。

（3）出手时，模型飞机横平竖直，沿直线平稳飞行。

（4）出手速度要恰当，模型飞机的出手速度应略大于滑翔速度。

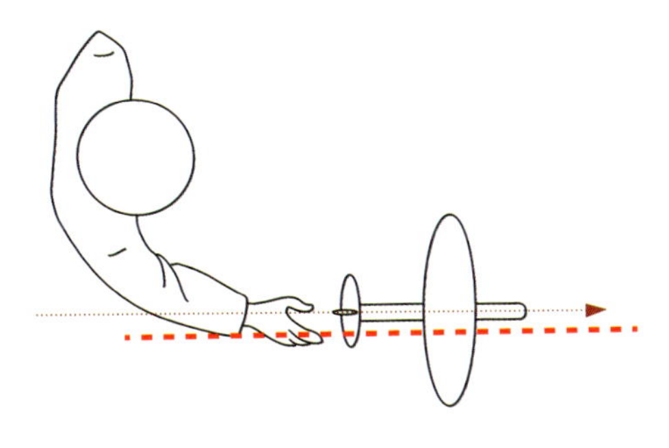

2.出手动作的分类

出手动作可分为两种：小迎角出手和大迎角出手。

（1）小迎角出手，出手速度较快，出手角度略大于0°。此方法容易掌握，模型飞机飞行距离较远。

（2）大迎角出手，飞机整体重心靠前，出手速度非常快（约为15~20 m/s），向上出手角度大于5°。这种出手方法比较难掌握，需要操作手具备较强的手部力量。

小迎角出手

大迎角出手

14.5 试验飞行与记录

1.试验飞行的目的

（1）观察手掷模型飞机能否平稳飞行。

（2）在试飞中，调试飞机的重心位置。

在试飞过程中，一定会碰到各种飞行姿态，同学们需要合理调整飞机重心的位置，使飞机能够平稳地滑翔。

飞行姿态图解	飞行表现形式	飞行姿态产生原因
	出手后，机头迅速下坠，撞向地面	重心靠前
	出手后，机头迅速抬起，急转栽落地面	重心靠后
	出手后，开始与地面成小角度滑翔飞行，然后进入平飞状态，随着飞机速度减慢，飞行高度逐步降低，直至平稳落地	重心合适

2.飞行要求

（1）两名测试员分别负责记录飞行距离与飞行时间；

（2）选择空旷的操场试飞；

（3）试飞员负责以不同的出手方式试飞，并根据记录做改进；

（4）每组设立两名测试员，一名试飞员，轮流进行试飞测试。

3.课程活动单

将试飞数据记录在下表。

飞行次数	飞行时间/s	飞行距离/m	飞行姿态	飞行姿态产生原因	解决办法

第15课

挑战赛规则解读

一架架飞机承载着同学们的航空梦想。大家亲手绘制了飞机设计图，用一张张普通的KT板，成功制作出了形态各异的模型飞机。相信此刻大家已经跃跃欲试，想要在比赛中展示自己的成果啦！

学习目标

★ 了解比赛要求及规则

15.1 挑战赛介绍

“中小学生航空创新设计挑战赛”是由“航小空”团队首创并打造的青少年航空科技类赛事。挑战赛主要包括创意手掷模型竞距、创意手掷模型留空竞时、机翼结构设计竞速飞行等项目。

15.2 任务描述

创意手掷模型竞距项目

在规定的60分钟内使用一张600 mm×450 mm×5 mm的KT板制作并调试好一架手掷模型飞机。制作过程若超过规定的60分钟，则扣基础分。比赛基础分为60分，超过1分钟扣1分，不足1分钟按1分钟计，最多扣分60分。制作材料由组委会提供，包含统一规格和数量的制作材料，飞机采用手掷的方式起飞，最终以手掷模型飞机飞行距离远者取胜。

15.3 制作材料及技术要求

（1）模型飞机制作材料包括600 mm×450 mm×5 mm的KT板、热熔胶棒、透胶带、松木条、配重片等。

（2）模型飞机的制作工具包括美工刀、热熔胶枪、签字笔、砂纸、钢尺等。

（3）模型飞机的起飞方式为手掷，不允许采用其他任何动力装置。

（4）模型飞机须拥有飞机的基本特征。

（5）制作模型飞机时，只允许使用组委会提供的材料和工具。

（6）模型飞机的翼展不小于700 mm，其他参数不限。

15.4 参赛选手

（1）该项目每队最多报3组，每组不超过3人。

（2）组内人员共同完成制作，飞行手为组内的任意一人。

15.5 比赛方法

（1）比赛分为制作、调试和飞行三部分。

（2）制作过程中不允许飞行，制作环节不发放配重片。

（3）制作材料及工具由组委会统一提供，参赛队员不得携带任何材料及工具。

（4）调试前，由裁判员提供该参赛组的配重片，不提供其他工具和材料，各组在3分钟之内进行调试和飞行。

（5）飞行和调试期间，各组可以随意调整模型飞机并进行若干次飞行，每次飞行前须和裁判员声明该次飞行为调试还是正式飞行，裁判员允许后方可起飞，正式飞行仅可以申请一次。

（6）向裁判员申请正式飞行后，经裁判员确认，方可起飞。

15.6 场地设置

（1）比赛场地包括制作场地和飞行场地两部分。

（2）场地设置起飞线，所有选手站在起飞线后向同一方向飞行。

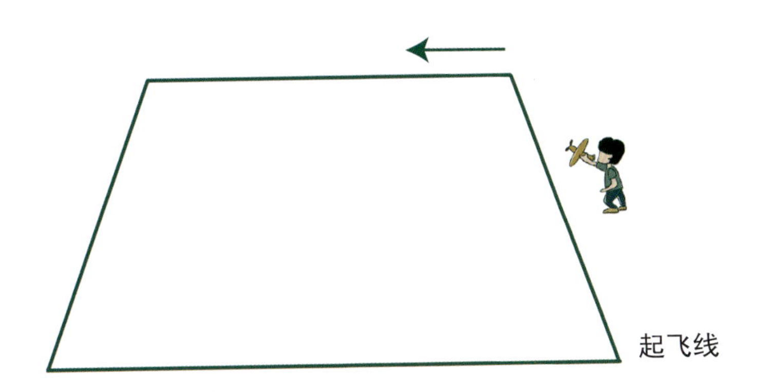

15.7 成绩评定

（1）飞行距离分S_1按模型飞机落地停止后的机头最前端的点到起飞线的垂直距离计算，1cm等于0.1分，距离按四舍五入精确到厘米。

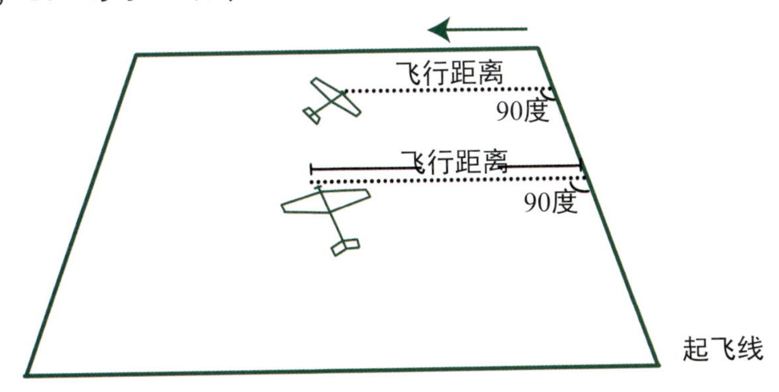

（2）比赛基础分S_2为60分，t为超出规定制作时间的时长，单位为分钟。

（3）总成绩Z的计算公式如下：

$$Z=S_1+(S_2-t)$$

了解了中小学生航空创新设计挑战赛的比赛规则，同学是不是更加胸有成竹了？想要飞机飞得更高更远，还需要我们不断挑战自己，勇于创新和尝试。

第16课
挑战赛飞机设计与制作

在正式参加比赛之前，我们再来回顾一下手掷飞机设计和制作的总体流程吧！

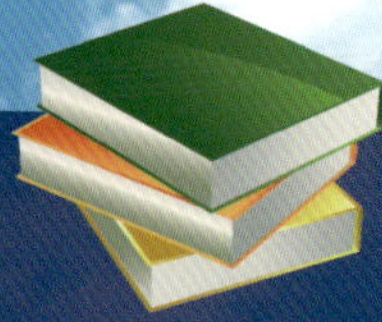

学习目标

★ 回顾飞机设计与制作的总体流程
★ 掌握挑战赛飞机的设计与制作方法

16.1 整体流程回顾

开动脑筋想一想，手掷飞机从设计到制作要经过多少步？

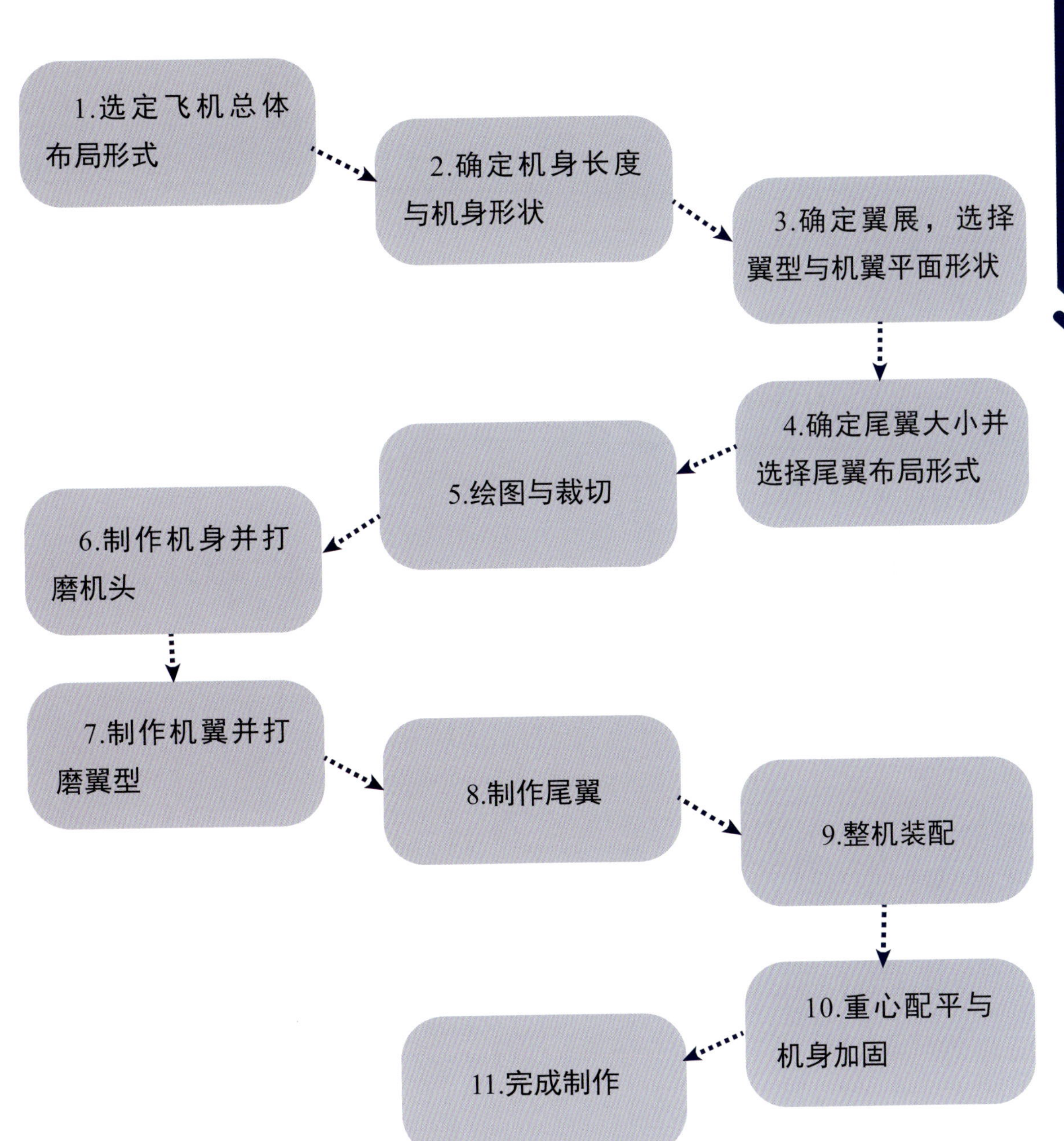

16.2 飞机的设计与制作

接下来，请同学们参照比赛规则设计并制作一架手掷飞机吧！

1.绘图任务

根据目标机型的外观特点，确定各部分的形状、参数，并绘制在同一张KT板中。

2.注意事项

（1）根据KT板的规格及飞机参数，合理布局飞机的机身、机翼、尾翼。

（2）尽可能沿KT板边缘绘图，降低绘图难度的同时方便裁切，减少材料浪费。

3.完成绘图

将你设计的手掷飞机画在下框中，注意标明尺寸。

4.制作任务

在KT板上完成绘图以后，同学们就可以开始动手制作啦！

5.制作步骤

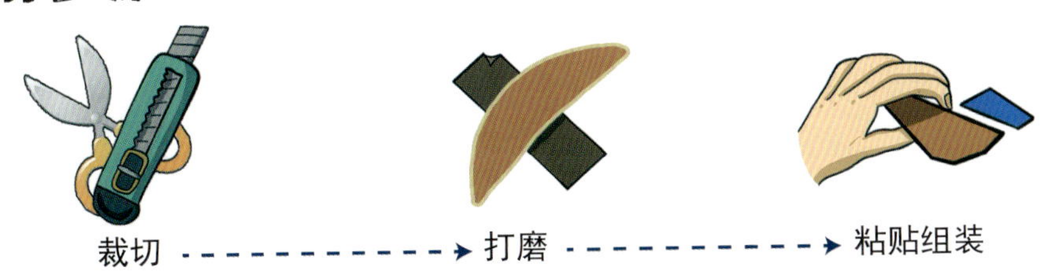

【拓展知识】

手掷飞机设计部分案例

（1）无尾布局三角翼飞机。

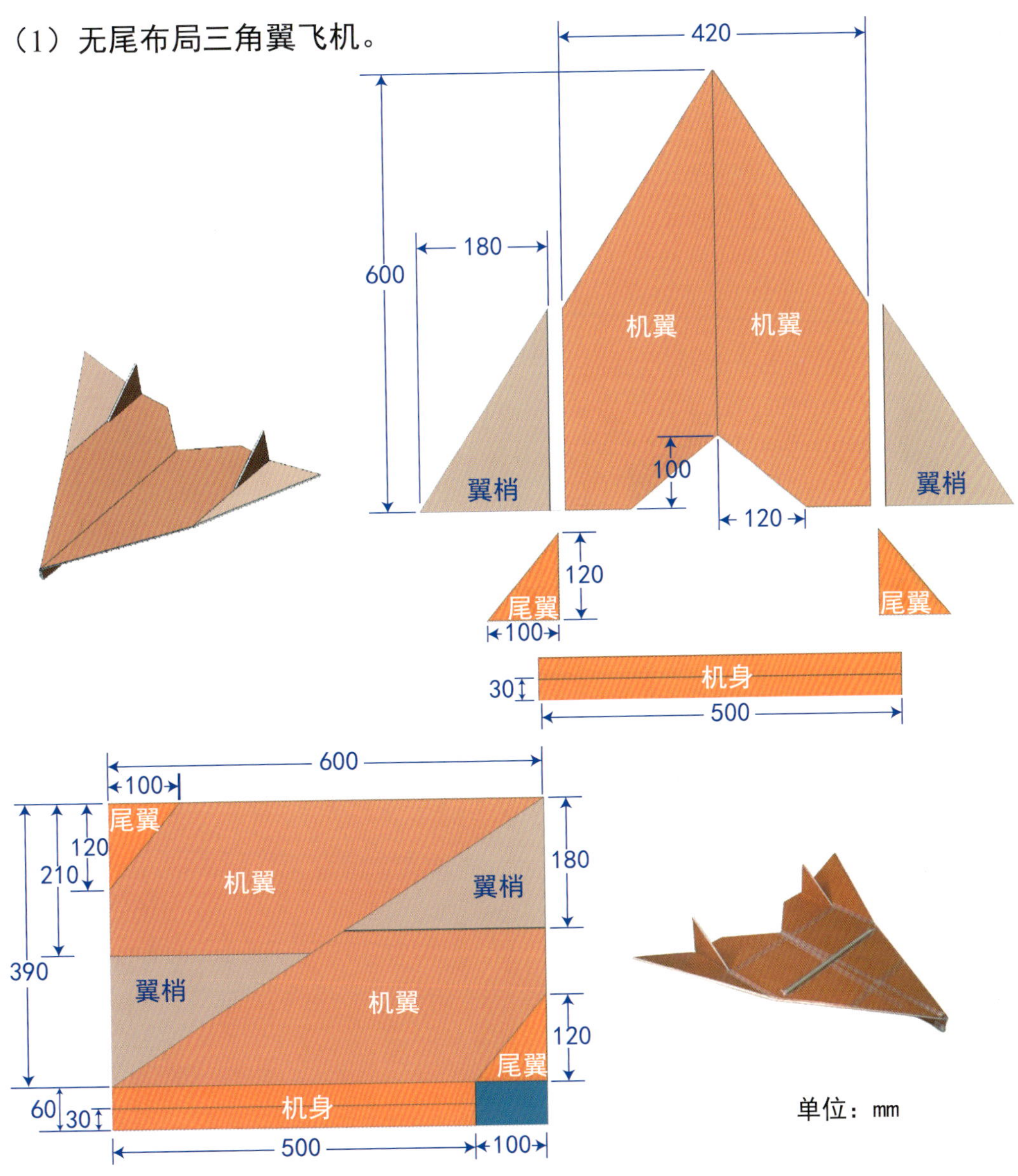

（2）常规布局后掠翼飞机。

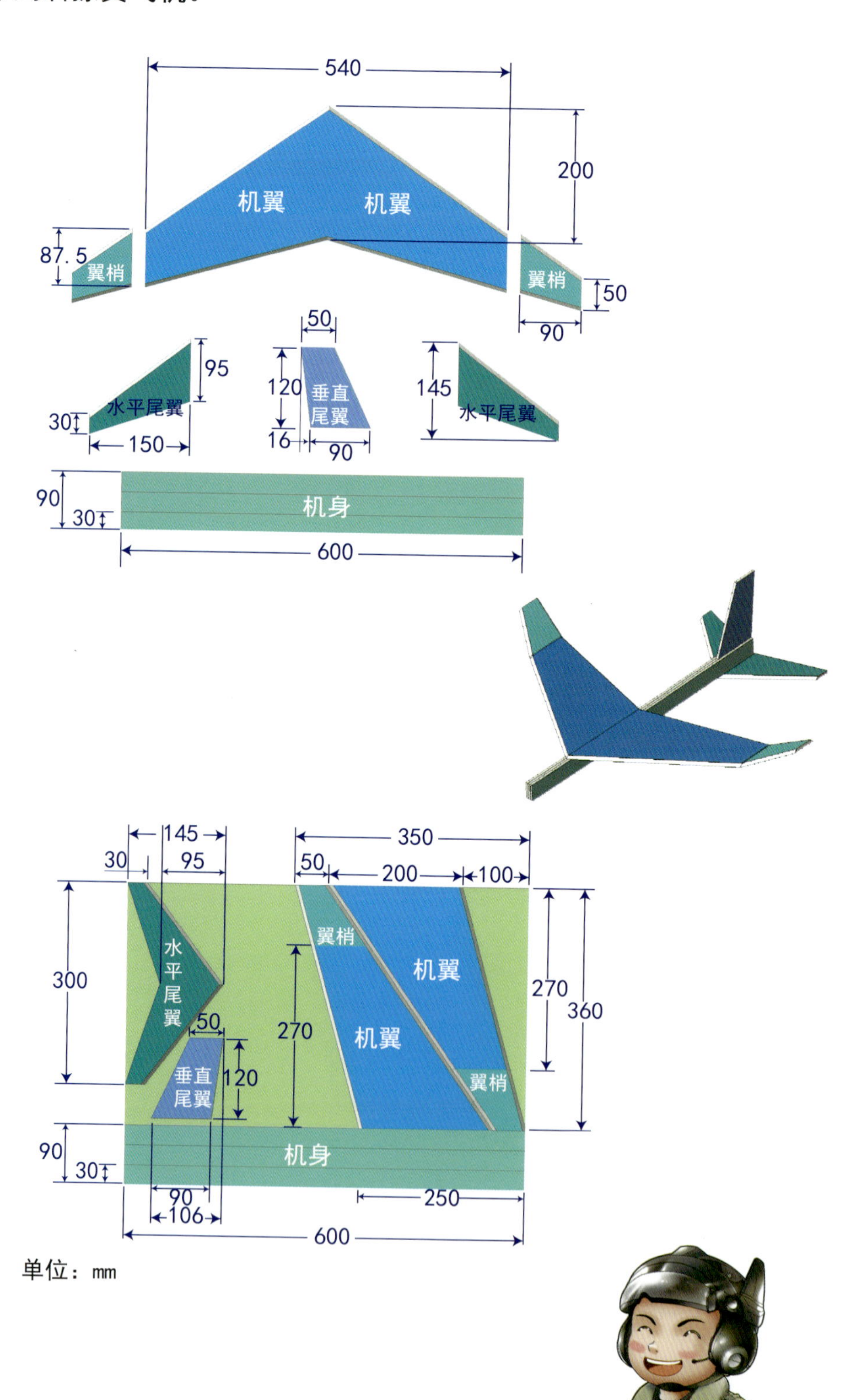

单位：mm

16.3 试飞比赛

想要在比赛中取得好成绩，还需要进行多次的飞行练习和调试。未来的航空工程师们，乘风起航吧！

“不积跬步，无以至千里；不积小流，无以成江海。”同学们一定要多思考、多动手、多飞行，才能掌握开启“未来航空工程师”之路的秘诀哟！